Licenciatura en Ingeniería de Minas

Tesis Final RECUPERACIÓN MINERO-AMBIENTAL

Alumno: Lucy Andrea Santacruz Silva

A.A.U

Mayo de 2013

DEDICATORIA

RODRIGO HUMBERTO SANTACRUZ FAJARDO, MI PADRE. (q.e.p.d)

QUIZA NUNCA LO SUPISTE TAL VEZ PORQUE YO ERA MUY NIÑA Y TU ERAS EL ADULTO PERO SIEMPRE ESTAS EN MI CORAZON, AUNQUE LOS SENTIMIENTOS ENCONTRADOS LLEGARON A CONFUNDIRME, A PESAR DE TU DUREZA Y GRACIAS A MI MADRE QUIEN ME ENSEÑO EL AMOR Y EL RESPETO HACIA TI , A PESAR DE TODO.

A UN RECUERDO ESAS PALABRAS TUYAS QUE DE UNA U OTRA MANERA FORMARON MI CARÁCTER Y QUE REPETIAS DE MIL MANERAS ENOJADO O CONTENTO Y POR QUE NO HASTA DE UNA MANERA IRONICA Y ERAN QUE REALIZARA LAS LABORES Y QUE CUMPLIERA MIS METAS ACABAL, SI NO QUERIA SUFRIR EN LA VIDA.

EN LOS POCOS AÑOS QUE COMPARTIMOS LOS DOS Y MADRE HOY DIA HAN SIDO MI CONCIENCIA PARA QUE REALICE LAS LABORES DEL SUSTENTO DIARIO CON TRABAJO Y DIGNIDAD CON EL MAXIMO ESFUERZO, QUE ES EL MEJOR CAMINO DE OBTENER LAS RECOMPENSAS DEL DIA A DIA Y DEL MAÑANA.

GRACIAS A TUS RECUERDOS HE MANTENIDO MI FUERZA Y DESEO DE SUPERACION, A PESAR DE TODO TE PUEDO DECIR DONDE QUIERA QUE ESTES, GRACIAS PADRE POR QUE AUNQUE NO TE TUVE A MI LADO POR QUE DIOS DECIO TU HORA DE PARTIDA ME HAS GUIADO Y ME MANDASTE MUCHAS BENDICIONES EN FORMA TERRENAL PARA QUE CULMINE ESTA ETAPA DE MI VIDA. ESTAS BENDICIONES ME AYUDARON A TOMAR DECISIONES CUANDO DEBIA DE TOMARLAS Y SON PERSONAS QUE DE UNA U OTRA MANERA HAN ENTRADO EN EL CAMINO DE MI VIDA, SIN ELLAS EL CAMINO ESTARIA TAL VEZ EN PENUMBRAS.

GRACIAS POR ESTAS BENDICIONES PAPA:

MI MADRE: MERY SILVA ORTIZ

MI ESPOSO: ANGEL GABRIEL VALDERRAMA BELALCAZAR

MI MOTOR -MI HIJO: BRYAN ALEXIS VALDERRAMA SANTACRUZ

'' GRACIAS PADRE POR BRILLAR EN EL CIELO Y DARME MIL BENDICIONES ''

INDICE

1.0 INTRODUCCIÓN

1.1 Antecedentes

1.2 Objetivo

1.3 Etapas y Fases de un Proyecto Minero

2.0 Marco Jurídico

2.1 Marco Legal Minero

2.1.1 Zonas Mineras Especiales

2.1.2 Pueblos indígenas

2.1.3 Patrimonio cultural

2.1.4 Protección de la biodiversidad

2..2 Normas Reglamentarias y Complementarias

2.2.3 Medios e Instrumentos Mineros y ambientales

2.2.4 Marco Legal Ambiental

3.0 PMA EN ACTIVIDADES DE EXPLORACIÓN

4.0 BENEFICIO Y TRANSFORMACIÓN

4.1 Procesos de Beneficio y transformación

4.2 Procesos de Transformación

4.3 Operaciones Auxiliares

5.0 EVALUACIÓN DE IMPACTOS AMBIENTALES

5.1 Identificación de Impactos Ambientales

5.2 Valoración de la Magnitud de los Impactos Ambientales

5.2.1 Impactos para el Componente Agua

5.2.2 Impactos en el Componente Aire (material particulado y gases)

5.2.4 Impactos en el componente Suelo

5.2.5 Impactos en el Componente Biótico (flora)

5.2.6 Impactos en el Componente Biótico (fauna)

5.2.7 Impactos en el Componente Social (generación de

expectativas)

5.2.8 Impactos en el Componente Social (afectación de la infraestructura pública y privada)

5.2.9 Impactos en el Componente Social (cambios en el uso del suelo)

5.2.10 Impactos en el Componente Social (cambios en el paisaje)

5.2.11 Impactos en el Componente Social (incremento en el uso de bienes y servicios

6.0 MANEJO DE IMPACTOS AMBIENTALES

6.1 Abastecimiento de Agua

6.2 Manejo de Aguas Lluvias

6.3 Manejo de Aguas Residuales Industriales

6.4 Manejo de Material Partículado y Gases

6.5 Manejo del Ruido

6.6 Manejo de Combustibles

6.7 Manejo de Residuos Sólidos Industriales (Colas)

6.8 Manejo de Residuos Sólidos Industriales (Escorias)

6.9 Manejo de Sustancias y Residuos Sólidos Peligrosos

6.10 Plan de Gestión Social

6.11 Manejo Paisajístico

7.0 PREVENCIÓN Y REDUCCIÓN DE LA CONTAMINACIÓN

8.0 CIERRE DE MINAS, DESMONTE Y ABANDONO DE INSTALACIONES

9.0 PASIVOS AMBIENTALES

9.1 Responsabilidad por la remediación ambiental por Pasivos

10.0 INCORPORACIÓN DE ESTÁNDARES INTERNACIONALES

Global Compact:

Global Report Initiative (GRI):

Concejo Internacional de Minería y Metales (ICMM):

Estándares del Banco Mundial, (IFC y Principios del Ecuador):

11. CONCLUSIONES

12. RECOMENDACIONES

BIBLIOGRAFÍA

1.0 INTRODUCCIÓN

La actividad minera, como la mayor parte de las actividades que el hombre realiza para su subsistencia, crea alteraciones en el medio natural, desde las más imperceptibles hasta las que representan claros impactos sobre el medio en que se desarrollan.

Esto nos lleva a definir el concepto de **impacto ambiental** de una actividad: la diferencia existente en el medio natural entre el momento en que la actividad comienza, el momento en que la actividad se desarrolla, y, sobre todo, el momento en que cesa.

Estas cuestiones, que hace algunos años no se percibían como un factor de riesgo para el futuro de la humanidad, hoy se contemplan con gran preocupación, que no siempre está justificada, pues el hombre viene alterando el medio desde que ha sido capaz de ello, pero ciertamente los abusos cometidos en este campo han hecho que crezca la conciencia de la necesidad de regular estos impactos. De cualquier manera, también debe quedar claro que el hombre necesita los recursos mineros hoy, y los necesitará en el futuro. Otro punto a destacar es que la actividad minera es infinitamente menos impactante que otras actividades industriales, como el desarrollo de obras civiles (impacto visual, modificación del medio original) y la agricultura (uso masivo de productos químicos: pesticidas, fertilizantes).

Así, en el momento actual existen normativas muy estrictas sobre el impacto que puede producir una explotación minera, que incluyen una reglamentación de la composición de los vertidos líquidos, de las emisiones de polvo, de ruidos, de restitución del paisaje, etc., que ciertamente a menudo resultan muy problemáticos de cumplir por el alto costo económico que representan, pero que indudablemente han de ser asumidos para llevar a cabo la explotación.

Por otra parte, hay que tener en cuenta que la actividad minera no solo produce un impacto ambiental, es decir, sobre el medio ambiente. También produce lo que se denomina Impacto Socioeconómico, es decir, una alteración sobre los modos de vida y la economía de la región en la que se implanta, que pueden ser en unos casos positivos y en otros, negativos.

1.1 ANTECEDENTES

El hombre a través de los años ha ido creando consciencia de que el solo no puede existir, que para esto se necesita de un conjunto armonioso en el cual el medio ambiente juega un papel fundamental, es por esto que quiere hoy dia que los impactos ambientales sean minimizados, si bien es cierto que no serán restaurados en su totalidad.

Los efectos en el medio ambiente son la consecuencia de los daños que ha sufrido ya sea por efectos del hombre o por efectos naturales.

Los recursos minerales, como parte de los recursos naturales, se integran en el propio sistema multidimensional que configura el medio ambiente.

El ser humano mediante la extracción de los recursos naturales y transformación posterior en productos y/o residuos introduce lo que se denomina el medio ambiente transformado y cuya incidencia puede haberse concretado sobre el medio físico, químico, biótico y social.

La categoría de daño ambiental hace relación al patrimonio ambiental que se deja a futuras generaciones quienes serán los próximos herederos, es por esto se han ido creando diferentes leyes jurídicas y legislativas que tiene toda persona de gozar de un medio ambiente sano.

1.2 OBJETIVO

El principal objetivo de una Recuperación Minero-Ambiental es que se cumplan a cabal no parcial los procedimientos mineros y ambientales para rehabilitar las áreas afectadas por la minería, explotados ya sea a cielo abierto, subterráneos o en ríos.

Teniendo en cuenta que esto constituyen pasivos ambientales mineros y fuentes potenciales de degradación del medio ambiente.

Este tipo de procedimiento nos permitirá conocer los elementos y características medioambientales susceptibles de ser afectados por la explotación minera, sobre los que se establecerán las recomendaciones de acciones correctoras, temporales o permanentes, y la definición de los criterios generales y específicos de restauración y recuperación de terrenos o de otros usos alternativos de rehabilitación

Siempre es de gran interés delimitar, dentro del ámbito general de la explotación, las distintas acciones que producen impacto.

Acciones impactantes: excavaciones, voladuras, emisión de gases y efluentes líquidos, creación de vías de transporte, etc, así como establecer sobre qué aspectos concretos del medio se produce cada impacto

Factores impactados: vegetación, fauna, paisaje, población en general.

Con esto en gran parte se pretende hacer que el medio minero trabaje con responsabilidad creando una armonía con el medio ambiente y asi evitar cambios bruscos para el entorno que todos aprovechamos.

Se pretende alcanzar que bajen los pasivos ambientales que generan costos muy altos y que se pueden corregir o subsanar según sea la gravedad del daño causado en aras de realizar una explotación minera.

La industria minera debe ser consciente de que en el proceso de explotación de minerales, piedras preciosas y otros recursos mineros no renovables existen altos índices de impactos ambientales y sociales que también son importantes para la vida humana, fauna, flora.

Si se hace un correcto cierre, manejo de las escombreras, manejo residual, manejo de ruido ocasionado por maquinaria, manejo de aguas subterráneas y de filtración de la mina.

Si somos consientes de la necesidad de realizar una minería sostenible y en armonía con el medio ambiente diremos que hacemos minería responsable.

1.3 ETAPAS Y FASES DE UN PROYECTO MINERO

Para desarrollar un proyecto minero existen 4 fases:

- Exploración: En esta fase se aplica las diversas técnicas disponibles para llevar a cabo de forma lo más completo posible el trabajo, dentro de las posibilidades presupuestarias del mismo. Su objeto final debe ser corroborar o descartar la hipótesis inicial de existencia de mineralizaciones del tipo prospectado.

- Construcción y montaje: en esta fase cuando se realizan construcciones de obras civiles y adecuaciones se presentan condiciones para que empiece a sentirse el daño ambiental, de una manera mínima, por que se abren vías, y se empieza a modificar el paisaje natural.
- Explotación: es la etapa donde se empieza a usufructuar del subsuelo, en esta etapa los daños ambientales son mayores y algunos se pueden ir subsanando y realizando labores para minimizarlos.
- Cierre y abandono: el cierre y el abandono de las minas se debe desarrollar con todas las técnicas y guías Minero ambientales, para resarcir de alguna manera el impacto y daño ambiental.

2.0 MARCO JURÍDICO

En todo el mundo existen leyes vigentes minero, ambientales, sociales, jurídicas , penales etc, todas se deben contemplar apartir de la iniciación de las solicitudes mineras, algunos países tienen leyes mas contundentes que otras, pero siempre se deben tener en cuenta.

Para el caso de Colombia por ejemplo:

Se debe tener en cuenta el marco legal minero ley 685 de 2001 donde esta claramente las siguientes condiciones y su cumplimiento:

- Registro Minero
- Normas Reglamentarias y Complementarias
- Trámites Mineros
- Medios e Instrumentos Mineros y Ambientales
- Trámites Ambientales

Y el marco legal ambiental ley 99 de 1993 y su cumplimiento

- Licenciamiento Ambiental.
- Permisos Ambientales
- Competencias Tramites Ambientales
- Normas Ambientales Generales

2.1 MARCO LEGAL MINERO

El marco legal minero y el marco legal ambiental busca:

- Fomentar la exploración técnica y la explotación de los recursos mineros estatales y privados.
- Estimular las actividades de exploración y explotación minera, con el fin de satisfacer los requerimientos de la demanda interna y externa de los mismos.
- Incentivar el aprovechamiento racional de los recursos mineros, de manera que armonice con los principios y normas de explotación de los recursos naturales no renovables.
- Promover el aprovechamiento de los recursos mineros dentro del concepto integral de desarrollo sostenible y fortalecimiento económico y social del país.
- El Código .regula las relaciones jurídicas del Estado con los particulares y las de estos entre sí, por causa de los trabajos y obras de la industria minera en sus fases de prospección, exploración, construcción y montaje, explotación, beneficio, transformación, transporte y promoción de minerales que se encuentren en el suelo o subsuelo, ya sea de propiedad nacional, propiedad privada(nacional o extranjera).
- De igual modo, establece el principio de sostenibilidad como el deber de manejar adecuadamente los recursos naturales renovables y la integridad y disfrute del ambiente, lo cual es compatible y concurrente con la necesi-

dad de fomentar el aprovechamiento racional de los recursos mineros como componentes básicos de la economía nacional y el bienestar social. Este principio deberá inspirar la interacción de los dos campos de actividad

2.1.1 ZONAS MINERAS ESPECIALES

En el Código de Minas se considera conveniente reservar, excluir o restringir la actividad minera, en aquellas áreas del territorio nacional que gozan de un estatus especial dentro de la legislación nacional o cuentan con alguna restricción especial del orden nacional, regional o local.

- Zonas de Seguridad Nacional: El Gobierno Nacional establecerá zonas donde, sólo por razones de seguridad nacional, no podrán presentarse propuestas ni contratos de concesión, Se mantendrán mientras subsistan las razones que motivaron su creación.

- Reservas Especiales : Zonas de explotaciones tradicionales de minería informal El Estado delimitará zonas donde, provisionalmente, no se admitirán nuevas propuestas ni contratos de concesión, y sobre las cuales adelantará estudios geológicos mineros para proyectos mineros especiales y de reconversión.

Proyectos Mineros Especiales: Proyectos mineros comunitarios donde es posible realizar un aprovechamiento minero.

Proyectos de Reconversión: Donde no es posible llevar a cabo el aprovechamiento del recurso minero. Acción orientada a la capacitación en nuevas actividades económicas, o complementarias a la actividad minera.

- Exclusión: Estas zonas deberán ser delimitadas geográficamente por la autoridad ambiental, con la colaboración de la autoridad minera; basados en estudios técnicos, sociales y ambientales y son las siguientes.

Sistema de Parques Nacionales Naturales: En estas zonas no podrán adelantarse actividades mineras.

Parques Naturales Regionales En estas zonas no podrán adelantarse actividades mineras. Únicamente se podrá adelantar en forma restringida, cuando la autoridad ambiental lo autorice.

Zonas de Reserva Forestal En estas zonas no podrán adelantarse actividades mineras. Únicamente se podrá adelantar en forma restringida, cuando la autoridad ambiental lo autorice.

- Playas, zonas de bajamar y trayectos fluviales servidos por empresas públicas de transporte Restringidas Áreas ocupadas por una obra pública adscritas a un servicio público Evitar conflictos y realizar los trabajos mineros respetando las normas existentes.

Podrán efectuarse trabajos y obras de exploración y de explotación de minas, con el consentimiento de las autoridades competentes, los dueños de predios, o con los permisos respectivos.

2.1.2 PUEBLOS INDÍGENAS

Dentro de esta clasificación se pueden tener en cuenta:

- Mineras Indígenas, Mineras de comunidades negras y Mineras Mixtas: Todo explorador o explotador de minas está en obligación de realizar sus actividades sin que éstas afecten los valores culturales, sociales y económicos de las comunidades y grupos étnicos que ocupan, real y tradicionalmente, el área objeto de concesiones o de títulos de propiedad privada del subsuelo.

La autoridad minera, previa solicitud expresa de la comunidad indígena, señalará y delimitará, con base en estudios técnicos y sociales las zonas mineras indígenas. En estas, la exploración y explotación minera deberá tener en cuenta la participación de las comunidades y grupos asentados en dichos territorios. En los terrenos baldíos adjudicados como de propiedad colectiva de una comunidad negra, la autoridad minera podrá establecer zonas mineras especiales. Los trabajos mineros se ejecutarán respetando y protegiendo los valores que constituyen la identidad cultural y formas tradicionales de la explotación de las comunidades negras.

La autoridad minera, dentro de territorios ocupados por comunidades negras e indígenas, establecerá zonas mineras mixtas en beneficio conjunto o compartido de estas minorías, a solicitud de uno o los dos grupos étnicos.

2.1.3 PATRIMONIO CULTURAL

- Zonas de Interés arqueológico, histórico o cultural: el objetivo es Evitar conflictos y realizar los trabajos mineros respetando las normas existentes. Podrán efectuarse trabajos y obras de exploración y de explotación de minas, con el consentimiento de las autoridades competentes, los dueños de predios, o con los permisos respectivos.

2.1.4 PROTECCIÓN DE LA BIODIVERSIDAD

El objetivo es principal es:

- Rescate, reubicación y protección de la fauna silvestre en las operaciones
- Protección de ecosistemas estratégicos como compensación de impactos ambientales de las operaciones.

Se puede realizar con Trabajos en equipo con ONGs y autoridades ambientales.

2.2 NORMAS REGLAMENTARIAS Y COMPLEMENTARIAS

El Estudio de Impacto Ambiental deberá incluir información orientada al conocimiento de la oferta y demanda de los recursos naturales que pueden ser utilizados en el desarrollo del proyecto minero, con el fin de establecer las asignaciones, manejo y el grado de intervención que pueda realizarse sobre los mismos. En este sentido, se deben relacionar los recursos naturales objeto de uso, aprovechamiento o afectación como consecuencia de la ejecución de las actividades de explotación.

La ley 99 de diciembre de 1993, en su título octavo, trata lo relativo a la licencia ambiental.

Posteriormente mediante el Decreto 2150 de 1995, artículo 132, se simplifica el trámite de la licencia ambiental para los proyectos.

Se establece que dicha licencia llevará implícitos todos los permisos de carácter ambiental.

La Ley 685 de 2001 define la Licencia Ambiental Global como la que otorgará la autoridad ambiental competente para la construcción, montaje, explotación, beneficio y transporte interno sin perjuicio de la autorización que da el Ministerio del Medio Ambiente para el transporte externo de los correspondientes

LUCY ANDREA SANTACRUZ SILVA

minerales con base en el EIA

2.2.3 MEDIOS E INSTRUMENTOS MINEROS Y AMBIENTALES

- PLAN DE MANEJO AMBIENTAL. Podrá exigirse por parte de la autoridad ambiental competente a los proyectos, obras o actividades que, con anterioridad a la vigencia de la Ley 99/93, iniciaron sus actividades, y para los proyectos de legalización de la minería de que trata el artículo 165 de la Ley 685 de 2001.
- ESTUDIO DE IMPACTO AMBIENTAL. El EIA contendrá los elementos, informaciones, datos y re conocimientos que se requieran para describir y caracterizar el medio físico, social y económico del lugar o región de las obras y trabajos de explotación; los impactos de dichas obras y trabajos con su correspondiente evaluación; los planes de prevención, mitigación, corrección y compensación de los impactos; las medidas específicas que se aplicarán en el abandono y cierre de los frentes de trabajo y su plan de manejo; las inversiones necesarias y los sistemas de seguimiento de las medidas. El EIA del proyecto minero lo presenta el interesado con el Programa de Trabajos y Obras Mineras que resulte de la exploración.
- TÉRMINOS DE REFERENCIA AMBIENTALES. Los Términos

de Referencia adoptados para elaboración, presentación y aprobación de los estudios ambientales

tienen como objetivo facilitar y agilizar las actuaciones de las autoridades ambientales es. Los TR tienen un carácter obligatorio y genérico; en consecuencia deberán ser adaptados a las particularidades del proyecto minero, así como a las características ambientales de la región en donde se desarrolla la actividad minera. Los TR constan de Información general, descripción de las actividades, caracterización ambiental del área de estudio, evaluación ambiental y el Plan de Manejo Ambiental.

- TÉRMINOS DE REFERENCIA PARA LOS TRABAJOS DE EXPLORACION Y PTO. Los Términos de Referencia para elaboración, presentación y aprobación de los estudios mineros tienen como objetivo facilitar y agilizar las actuaciones de las autoridades mineras y de los particulares. Con la presentación de la propuesta de contrato de concesión, el interesado se obliga a adelantar Los Trabajos de Exploración y el Programa de Trabajos y Obras de Explotación de acuerdo con los Términos de Referencia y guías establecidas por la autoridad minera.
- LICENCIA AMBIENTAL GLOBAL. La licencia ambiental para las obras y trabajos del concesionario minero se otorgará de manera global para la construcción, montaje, explotación, beneficio y transporte interno de los correspondientes minerales. La licencia comprenderá los permisos, autorizaciones y concesiones para hacer uso de los recursos necesarios para el aprovechamiento minero. La vigencia de dichos permisos será igual a la de la licencia ambiental.

En la Ley 99 se define la Licencia Ambiental como un instrumento de gestión y planificación para prevenir, mitigar, corregir, compensar y manejar los efectos ambientales durante el desarrollo de cualquier obra o actividad. La Licencia Ambiental se estableció como requisito para cualquier obra o proyecto que genere deterioro grave a los recursos naturales renovables o al ambiente y modificaciones considerables o cambios notorios al paisaje.

- PERMISOS, AUTORIZACIONES Y CONCESIONES PARA EL APROVECHAMIENTO DE LOS RECURSOS NATURALES RENOVABLES. Cuando en desarrollo delos trabajos de exploración se requiera usar en forma ocasional o transitoria, recursos naturales renovables de la zona explorada, se solicitará la correspondiente autorización a la autoridad ambiental competente.
- GUIAS MINERO AMBIENTALES. Las guías técnicas para adelantar la gestión ambiental en los proyectos mineros tienen como objeto facilitar y agilizar las actuaciones de las autoridades mineras, ambientales y particulares.
- AUDITORÍAS AMBIENTALES EXTERNAS. Se realizarán a través de profesionales firmas de reconocida idoneidad e inscritos y calificados por el Ministerio del Medio Ambiente para que, seleccionadas por los usuarios y a su costa, hagan la auditoría y seguimiento de la manera como se cumplan las obligaciones ambientales en los correspondientes contratos de concesión.
- AUDITORÍAS MINERAS EXTERNAS. La autoridad minera previo concepto del Consejo Asesor de Política Minera, podrá autorizar a profesionales y firmas de reconocida y comprobada idoneidad en el establecimiento y desarrollo de proyectos mineros, para que a petición y a costa del contratista, evalúen los estudios técnicos presentados y hagan la auditoría de las obras y labores del proyecto y de la forma como da cumplimiento a sus obligaciones.

Los auditores son auxiliares de la autoridad minera, la cual conservará su autonomía y facultad decisoria.

2.2.4 MARCO LEGAL AMBIENTAL

Para cumplir con la normatividad relacionada con la solicitud y trámite de permisos, autorizaciones y concesiones de recursos naturales renovables requeridos para los trabajos de exploración, es necesario tener conocimiento de la oferta y demanda de recursos naturales objeto de uso, aprovechamiento o afectación, con el fin de establecer las asignaciones, el manejo y el grado de intervención que pueda realizarse sobre los mismos. La solicitud de los permisos debe realizarse de acuerdo con la información que se presenta a continuación. La obtención de los mismos, es indispensable para dar inicio a los trabajos de exploración.

La guía minero-ambiental es el instrumento de referencia para el manejo ambiental y por tanto, el concesionario deberá ajustarla a las características y condiciones específicas del área solicitada (art. 272 código de minas).

Antes de iniciar los trabajos de exploración deberá diligenciar el formato de inscripción de las medidas de manejo ambiental, de acuerdo con la guía y con la reglamentación expedida por el Ministerio del Media Ambiente.

- Aprovechamiento Forestal. La construcción e instalación de las obras de infraestructura necesaria para el proyecto, así como la apertura de vías, escombreras y patios de acopio requieren el despeje y remoción de áreas con vegetación.

Requisitos:

-Justificación técnica de la necesidad de realizar el aprovechamiento forestal.

- Plano de ubicación con coordenadas geográficas, planas y delimitación (establecimiento de linderos) de las áreas solicitadas para aprovechamiento forestal.

Régimen de propiedad de las áreas objeto de aprovechamiento forestal.- Extensión de las áreas objeto de aprovechamiento, así como identificación taxonómica de especies, volumen, cantidad o peso aproximado y uso que se pretende dar a los productos. - Presentación del Plan de Aprovechamiento Forestal, en el que se incluya un inventario estadístico con error de muestreo no superior al quince por ciento (15%) y una probabilidad del noventa y cinco por ciento (95%). - Se deben indicar los proyectos compensatorios tales como protección, conservación y repoblación forestal, que se contemplarán en el Estudio de Impacto Ambiental del proyecto.

- Ocupación de Cauces o Lechos de Corrientes o Depósitos de Agua. En caso de ser necesaria la construcción de obras que ocupen cauces de una corriente o depósito de agua, bien sea por infraestructura propia del proyecto, vías o instalaciones necesarias para la explotación. Requisitos: - Obras típicas a construir y su temporalidad. Conocimiento básico del comportamiento de la corriente en los sectores afectables, con planos a escala adecuada- Impactos ambientales previsibles. Obras típicas de protección de control torrencial para cada sector a intervenir. Procedimientos constructivos.
- Concesión de Aguas Superficiales Para instalaciones del proyecto y actividades de explotación.

Requisitos:

- Caudales característicos de las corrientes o cuerpos de agua que se utilizarán para el proyecto. Inventario de usuarios aguas abajo de las corrientes a utilizar.

- Caudales y volúmenes típicos para las diferentes actividades y globales estimados para el proyecto, según las diferentes destinaciones del recurso.

- Diseños típicos de los sistemas de captación, conducción, control de caudales, derivaciones y disposición de sobrantes.

Ubicación de los sectores de captación de las corrientes o cuerpos de agua a utilizar.

- Vertimientos Residuos Líquidos : En la explotación se pueden generar vertimientos de aguas residuales domésticas, provenientes de los campamentos e instalaciones y aguas residuales industriales y mineras generadas durante la explotación, que deben ser sometidas a tratamientos antes de ser vertidas al cuerpo receptor.

Requisitos:

- Localización de la(s) corriente(s) o depósito(s) de agua que habrá de recibir el vertimiento.

- Clase, calidad y cantidad de desagües, descripción general del sistema de tratamiento que se adoptará y estado final previsto (calidad) para el vertimiento.

- Forma y caudal de la descarga expresada en litros por segundo, indicando si se hará en flujo continuo o intermitente.

- Identificación de impactos ambientales, obras de prevención, mitigación y compensación.

- Emisiones Atmosféricas Puede requerirse para la operación de los patios de acopio del mineral.

Requisitos:

- Localización de las instalaciones del proyecto.

- Fecha proyectada de iniciación de actividades o fechas proyectadas de iniciación terminación de obras, trabajos o actividades, si se trata de emisiones transitorias.

- Descripción de las obras, procesos y actividades de producción, mantenimiento, tratamiento, almacenamiento o disposición que generen las emisiones y los planos que dichas descripciones requieran; Flujograma con indicación de ubicación, cantidad y caracterización de los puntos de emisión al aire, descripción y planos de los ductos, chimeneas o fuentes dispersas, e indicación de sus materiales, medidas y características técnicas.

- Información técnica sobre producción prevista o actual, proyectos de expansión y proyecciones de producción a 5 años.

- Estudio técnico de evaluación de emisiones en los procesos de combustión o producción; información sobre consumo de materias primas, combustibles y otros materiales utilizados.

- Diseño de sistemas para el control de emisiones atmosféricas y/o tecnología limpia.

El concesionario deberá ajustar la guía Minero Ambiental a las características y condiciones específicas del área solicitada descrita en la propuesta (art. 272 código de minas), para lo cual se hace necesario presentar, antes del inicio de los trabajos de exploración y para efectos del seguimiento ambiental, el formato de inscripción de las medidas de manejo ambiental en función de la guía de acuerdo con la reglamentación que expida el Ministerio del Medio Ambiente.

3.0 PMA EN ACTIVIDADES DE EXPLORACIÓN

Un **Plan de Manejo Ambiental** o PMA, es una herramienta por medio de la cual se establecen las medidas de manejo ambiental para proyectos de desarrollo que se establecieron antes de la exigencia de Licencias Ambientales por las autoridades ambientales, o que habiéndose desarrollado posteriormente, omitieron realizar el trámite de la respectiva licencia ambiental.

Adicionalmente, el PMA se elabora para aquellos proyectos que teniendo licencia ambiental, realicen nuevos desarrollos dentro de las actividades licenciadas, como es el caso de campos petroleros que cuentan con las licencias ambientales para exploración o explotación y que deberán elaborar PMAs para la perforación de nuevos pozos y sus facilidades conexas.

Los PMA son documentos legales que permiten a la autoridad ambiental realizar el seguimiento requerido a las diversas empresas que lo requieren y adicionalmente, facilitan que las empresas que desarrollen los proyectos, tengan control sobre sus impactos ambientales y realicen un desarrollo armónico con su entorno. Adicionalmente estos estudios de PMA se constituyen en un documento técnico de obligatorio cumplimiento para los casos establecidos por la normatividad ambiental colombiana.

3.1.1 Requisitos Ambientales para la Etapa de Explotación

Los Trabajos de Exploración minera estarán sujetos a la guía ambiental y el seguimiento correspondiente será competencia de las Corporaciones Autónomas Regionales o Grandes Centros

Urbanos, quienes tendrán en cuenta la reglamentación que para estos efectos expida el Ministerio del Medio Ambiente

3.1.2 Permisos Ambientales

El Estudio de Impacto Ambiental deberá incluir información orientada al conocimiento de la oferta y demanda de los recursos naturales que pueden ser utilizados en el desarrollo del proyecto minero, con el fin de establecerlas asignaciones, manejo y el grado de intervención que pueda realizarse sobre los mismos. En este sentido, se deben relacionar los recursos naturales objeto de uso, aprovechamiento o afectación como consecuencia de la ejecución de las actividades de explotación.

4.0 BENEFICIO Y TRANSFORMACIÓN

La etapa de **BENEFICIO DEL MINERAL Y TRANSFORMACION** busca, por distintos medios, lograr que el mineral pueda ser comercializable. Para esto se recurren a distintos métodos de beneficio de minerales, los cuales no solo dependen del tipo de mineral, sino también del yacimiento, ya que cada yacimiento tiene características propias. Para el caso de los minerales metalíferos, normalmente es necesario concentrarlo. Esto consiste en una primera etapa, en liberar el mineral de la roca en donde está inserto, valiéndose de medios mecánicos como la trituración, la molienda y la clasificación. Luego de la liberación, posiblemente el mineral deba ser concentrado. Esto consiste en elevar el grado de concentración del mineral (que puede estar dado en gramos/tonelada, o en porcentaje). Para ello se aprovechan distintas técnicas como la lixiviación (para el caso del oro, por ejemplo), la flotación (para el caso de ciertos yacimientos de cobre, zinc u otros) o la electro obtención (para el caso de algunos yacimientos de cobre). En el caso de los minerales no metalíferos, el proceso de beneficio resulta ser mucho más sencillo. En el caso de la bentonita, por ejemplo, sólo se requiere triturar el mineral a los tamaños adecuados, clasificarlos y secar el mineral para disminuir el contenido de humedad, lo cual se realiza en hornos giratorios que funcionan a unos 70 ºC.

4.1 PROCESOS DE BENEFICIO Y TRANSFORMACIÓN

TRITURACIÓN, MOLIENDA, GRAVIMETRIA Y FLOTACIÓN.

El Beneficio de Minerales comprende toda la serie de procesamientos que se pueden realizar sobre el mineral extraído para obtener productos útiles o valiosos algunas veces separándolos del resto de los minerales asociados. El proceso consta de cuatro etapas, a saber: trituración, molienda, clasificación por tamaño y flotación.

LA TRITURACIÓN: consiste en fragmentar el mineral extraído con el propósito de separar el mineral valioso (mena) de la que no tiene valor (ganga). La trituración se realiza por impacto o sea debido a un golpe instantáneo, o por atrición, es decir, por fuerzas de fricción generadas entre dos superficies duras. Además se puede realizar por corte o compresión. En la trituración se persigue disminuir el tamaño de los trozos de roca provenientes de la mina; sin embargo se debe controlar la generación de finos. Puede clasificarse en cuatro grupos según la granulometría de los productos y su utilización: primaria, secundaria, terciaria y usos especiales (esta última para reducir materiales blandos y evitar la sobre-producción de finos o para efectuar una trituración selectiva de los minerales frágiles). Equipos: - Primarias: trituradoras de quijadas o mandíbulas y giratorias. - Secundarias:

trituradoras giratorias, de cono y de rodillos. - Especiales: trituradoras de martillo y de rodillos dentados.

LA MOLIENDA: esta etapa, la molienda, consiste en reducir el tamaño de las partículas que el proceso de trituración dejó muy gruesas y por lo general se realiza cuando el material está en una pulpa con agua.

La molienda perdió importancia cuando apareció el proceso de flotación en 1906, por ser menos costoso. Es un proceso de gravedad modificado en el que el mineral finamente 9 triturado se mezcla con un líquido. El metal entonces suele flotar y la ganga se va al fondo (aunque en algunos casos ocurre lo contrario). El proceso consiste en reducir las partículas gruesas procedentes de la trituración secundaria a un tamaño límite que depende del mineral y del proceso siguiente. Los molinos, según su modo de trabajo, se clasifican en - Molinos que trabajan por percusión: molinos de pisones. - Molinos que trabajan por fricción: molinos de disco. - Molinos que trabajan por fricción y percusión: molinos rotatorios. Los molinos rotatorios son medios moledores sueltos (bolas, guijarros, y barras). Reducen el tamaño de partículas aplicando esfuerzos por impacto y corte. La molienda puede ser en seco o húmeda: La primera usa grandes sistemas de ventiladores para mover los materiales, mientras que en la segunda el agua es el medio de transporte. Se puede realizar beneficio de minerales bajo dos tipos de operaciones que son: operaciones unitarias (transformación física del mineral) y procesos unitarios de beneficio (transformación físico-química del mineral). Las operaciones unitarias que se desarrollan en una explotación minera son: lavado, reducción, clasificación, homogenización, concentración, secado, moldeado y separación. Los procesos unitarios pueden ser hidrometalúrgicos o pirometalúrgicos. Los ciclos de operaciones y procesos unitarios que se requieren para obtener el producto final dependen del mineral explotado. En esta Guía se describen algunas operaciones y procesos básicos que se utilizan comúnmente en el beneficio y transformación de minerales.

LA GRAVIMÉTRIA: La separación se efectúa aprovechando la diferencia de densidades de las especies minerales a separar; se utiliza particularmente en la concentración de minerales muy densos o muy livianos. Cuanto mayor sea la diferencia de densidades de los minerales, más efectiva será su separación. La concentración por gravedad no usa reactivos, pero sí usa una cantidad considerable de agua. El lavado es el proceso en el cual se elimina el lodo y material orgánico presentes en al gunos minerales. El lavado también se utiliza en las zarandas vibratorias y estacionarias en las que el agua a presión se emplea para la separación de los materiales; el rociado del agua disgrega los sólidos y las zarandas separan los materiales gruesos de los finos.

LA FLOTACIÓN: es un proceso físico-químico de separación de minerales o compuestos finamente molidos, basados en las propiedades superficiales de los minerales (mojabilidad), 10

que hace que un mineral o varios se queden en una fase o pasen a otra. Las propiedades superficiales pueden ser modificadas a voluntad con ayuda de reactivos. El proceso de flotación se basa en las propiedades hidrofílicas e hidrofóbicas de los minerales. Se trata fundamentalmente de un fenómeno de comportamiento de sólidos frente al agua

4.2 PROCESOS DE TRANSFORMACIÓN

FLOTACIÓN NO SELECTIVA DE ACEITE Técnica desarrollada en 1860, consistía en mezclar la mena molida con aceite y posteriormente con agua, de tal manera que las partículas del mineral sulfuroso, por sus propiedades superficiales hidrófobas, quedaban retenidas en la fase aceitosa y aquellas partículas que se mojaban en el agua se quedaban en la fase acuosa, de modo que al final del proceso, flotaba una capa de aceite sobre la pulpa, la cual contenía las partículas de mineral sulfuroso que eran separados por decantación y se separaba del aceite por filtración. Los metales nativos, sulfuros o especies como el grafito, carbón bituminoso, talco y otros son poco mojables por el agua y se llaman minerales hoidrofóbicos. Por otra parte, los sulfatos, carbonatos, fosfatos, etc. Son hidrofílicos o sea mojables por el agua.

FLOTACIÓN DE PELÍCULA En esta técnica, el mineral finamente molido era esparcido cuidadosamente sobre la superficie libre del agua, de modo que las partículas de sulfuro, que se caracterizan por tener propiedades hidrófobas, sobrenadaban en la superficie del agua, formando una delgada película que era removida por medio de algún mecanismo; en cambio la ganga se mojaba y sedimentaba en el fondo del recipiente de agua. Estas dos técnicas no tuvieron éxito en su aplicación en la industria por lo que en la actualidad ya no se las usa.

FLOTACIÓN DE ESPUMA Con la flotación de espuma la separación se la realiza gracias a la adhesión selectiva de partículas hidrófobas a pequeñas burbujas de gas (aire) que son inyectadas al interior de la pulpa. El conjunto partícula-burbuja asciende a la superficie formando una espuma mineralizada, la cual es removida por medio de paletas giratorias o simplemente por rebalse. Las propiedades superficiales de las partículas y las características del medio pueden ser reguladas con ayuda de reactivos. Con la flotación de espuma la separación se la realiza gracias a la adhesión selectiva de partículas hidrófobas a pequeñas burbujas de gas (aire) que son inyectadas al interior de la pulpa. El conjunto partícula-burbuja asciende a la superficie formando una espuma mineralizada, la cual es removida por medio de paletas giratorias o 11

simplemente por rebalse. Las propiedades superficiales de las partículas y las características del medio pueden ser reguladas con ayuda de reactivos.

FLOTACIÓN DE IONES Con ayuda de reactivos de flotación se precipitan los iones y luego éstos son flotados como en el caso de la flotación de espuma.

4.3 OPERACIONES AUXILIARES

- Las operaciones unitarias que se desarrollan en una explotación minera son: lavado, reducción, clasificación, homogenización, concentración, secado, moldeado y separación. Los procesos unitarios pueden ser hidrometalúrgicos o pirometalúrgicos. Los ciclos de operaciones y procesos unitarios que se requieren para obtener el producto final dependen del mineral explotado Conminución: La Conminución es una operación donde el mineral es sometido a una reducción de tamaño que se realiza en dos pasos separados pero relacionados: trituración y molienda.
- Trituración En la trituración se persigue disminuir el tamaño de los trozos de roca provenientes de la mina; sin embargo se debe controlar la generación de finos. Puede clasificarse en cuatro grupos según la granulometría de los productos y su utilización: primaria, secundaria, terciaria y usos especiales (esta última para reducir materiales blandos y evitar la sobreproducción de finos o para efectuar una trituración selectiva de los minerales frágiles).

HOMOGENIZACIÓN:

• Pre homogenización Es el proceso de mezcla de las materias primas trituradas previo a la molienda. Sirve para compensar las variaciones de granulometría y de composición química y evitar segregaciones que generan desviaciones importantes del crudo respecto de los valores de diseño. La prehomogenización permite un control más efectivo de la composición química comprobada. Se utiliza principalmente para los procesos de coquización, producción de cemento, industria ladrillera, minerales industriales, etc. • Homogenización: Dada la heterogeneidad de los materiales manejados, principalmente en los procesos de fabricación de clinker, coque, etc., la homogenización de la materia prima es in-dispensable para garantizar las condiciones de operación. Este proceso se realiza general-mente en silos, en donde se almacena el producto de la molienda y la mezcla se da por la combinación de mecanismos de alimentación por gravedad.

El proceso de homogenización se realiza tanto por vía seca como por vía húmeda.

Clasificación: Es la separación de los componentes de una mezcla de partículas en dos o más fracciones de acuerdo a su tamaño, siendo cada grupo obtenido más uniforme que la mezcla original. Durante el tamizado el material es colocado en mallas que retienen las partículas más grandes. La forma de las partículas influye tanto como su tamaño en este proceso. En la clasificación de una suspensión, el mecanismo que se utiliza para separar las partículas es la sedimentación; en este caso influye la forma de las partículas, las densidades del sólido y fluido y la concentración y viscosidad de la suspensión.

La Clasificación es una operación primordial cuando el producto tiene especificaciones estrictas de tamaño. En otros casos, es una operación auxiliar de la molienda y es aquí donde se encuentra su aplicación más importante en la industria minero metalúrgica. Los equipos de clasificación se dividen en dos categorías: - Aquellos que utilizan la clasificación en un fluido - Aquellos que someten las partículas a una serie de mallas Es la separación de los componentes de una mezcla de partículas en dos o más fracciones de acuerdo a su tamaño, siendo cada grupo obtenido más uniforme que la mezcla original.

•   Clasificación en fluido Se basa principalmente en la velocidad relativa que adquieren las partículas en un fluido cuando están sometidas a una fuerza exterior. Los equipos que usan este principio son los clasificadores de flujo transversal, tales como el clasificador de espiral, el clasificador de rastras, el clasificador hidráulico y los clasificadores centrífugos: el hidrociclón y el clasificador de álabe. El producto final de la clasificación debe cumplir las especificaciones en tamaño y calidad del mercado o de la etapa siguiente. Concentración: Es la separación del mineral o metal útil de la ganga o material estéril. Para estos procesos se aprovechan las propiedades físicas (densidad, magnetismo, etc.) o fisicoquímicas (flotabilidad) de los minerales o metales, siendo los procesos más comunes los siguientes: Por flotación: La flotación es un proceso físico químico complejo. Al igual que otras técnicas de concentración requiere que las especies minerales útiles tengan un grado de liberación adecuado.

El proceso se basa en la adhesión selectiva de partículas de especies minerales a burbujas de aire dispersas en un medio acuoso. El desarrollo de la flotación está vinculado al descubrimiento progresivo de ciertas sustancias químicas de carácter orgánico, que incorporadas a una pulpa, presentan la facultad de conferirle propiedades de flotabilidad en forma selectiva o semiselectiva a ciertas especies minerales útiles. La flotación se usa para separaciones complejas de minerales que no se prestan para separación por gravedad u otros métodos debido a propiedades similares de gravedad específica, propiedades magnéticas, u otras propiedades físicas. Este proceso es realizado con reactivos de flotación que suprimen la flotación de minerales no deseados y promueven la selectividad de los deseados. Entre las variables más importantes de la flotación están:

•   Granulometría, tipo de reactivos, dosificación de los reactivos, densidad de la pulpa, aireación y acondicionamiento, regulación del pH, tiempo de residencia, temperatura, calidad del agua, envejecimiento de pulpa, envejecimiento de muestras, etc.

- Separación magnética: Proceso de concentración en el cual se aprovecha la atracción de ciertos minerales hacía un campo magnético, para separarlos de otros que no son afectados o que son afectados en menor medida.

5.0 EVALUACIÓN DE IMPACTOS AMBIENTALES

El agua, el suelo y el aire son los mayores afectados durante el beneficio y transformación de minerales, debido a los lixiviados y gases que se desprenden en los procesos de trituración, lavado, corrosión y mecanismos químicos de separación.

La evaluación de impactos se realiza mediante la matriz Causa - Efecto puesto que muestra un panorama general de los impactos y una valoración de su magnitud. Sin embargo, el concesionario minero debe apoyarse en resultados precisos como los que suministran los reportes técnicos obtenidos de muestreos y análisis en laboratorios especializados o con ayuda de un equipo de profesionales idóneos.

Esto suministrará bases sólidas para establecer las medidas de manejo apropiadas,

Teniendo en cuenta que las labores de beneficio y transformación de minerales están incluidas en la Licencia Ambiental, deberán considerarse las prácticas de producción más limpia planeadas por el concesionario minero y aprobado por la autoridad ambiental competente.

ACTIVIDADES QUE GENERAN IMPACTO EN LA MINERIA

- Construcción y Montaje
- Perforación y Voladura
- Consumo de agua potable e industrial
- Remoción de Estériles en Minería a Cielo Abierto
- Extracción del Mineral en Minería a Cielo Abierto
- Patios de Acopio
- Disposición de Escombros
- Cierre y Abandono
- Extracción del mineral

5.1 IDENTIFICACIÓN DE IMPACTOS AMBIENTALES

Se sugiere en la guías minero-ambientales el método de la matriz Causa - Efecto, debido a que relaciona de forma global, los factores ambientales del medio en sus formas abiótica, biótica y social, susceptibles de afectación con las actividades

de beneficio y transformación de minas, generadoras de la afectación se presenta la matriz para beneficio y transformación de minerales. Esta se constituye como un referente técnico, la información consignada en ella debe ser particularizada para cada proyecto

5.2 VALORACIÓN DE LA MAGNITUD DE LOS IMPACTOS AMBIENTALES

Para que el concesionario complemente la evaluación de los impactos ambientales, debe determinar la magnitud del impacto generado, partiendo de la matriz causa - efecto. Se valora cada impacto puntual por separado, de acuerdo con los criterios de valoración o criterios similares. La magnitud de los impactos dependerá de varios factores a considerar: localización, tamaño del área, trabajos empleados en el beneficio y/o transformación, cantidad de trabajadores, líneas de transmisión de vehículos y maquinaria utilizada, cercanía a vías de acceso, relieve del lugar,

Suelo, cercanía a asentamientos humanos y presencia de cuerpos de agua subterráneos y superficiales.

Se presenta una correlación entre las actividades que generan los impactos, los impactos mismos y las medidas de manejo, para las cuales se indica la ficha específica en lo referido a agua, material Partículado, gases, ruido, suelo, erosión, hundimientos, flora, fauna, generación de expectativas, afectación de infraestructura, cambios en el uso del suelo, patrimonio cultural, modificación del paisaje y aumento en la demanda de bienes y servicios.

Estas medidas de manejo serán la base para la gestión ambiental que se realiza posteriormente hasta el seguimiento, monitoreo y evaluación. Se presenta a continuación las correlaciones en forma separada.

5.2.1 IMPACTOS PARA EL COMPONENTE AGUA

IMPACTOS:

- Sedimentación en cuerpos de agua.
- Cambios en la calidad físico química del agua.
- Afectación de la dinámica de cuerpos de agua
- Subterráneos y superficiales.
- Disminución del caudal.

Estos impactos están relacionados con la alteración de la calidad físico química de las aguas, incremento de la turbidez por aportes de sólidos suspendidos o disueltos, modificación del drenaje natural, colmatación de cuerpos de agua ,variación de los niveles freáticos y vertimientos de aguas residuales domésticas, industriales y mineras.

5.2.2 IMPACTOS EN EL COMPONENTE AIRE (MATERIAL PARTICULADO Y GASES)

IMPACTO

- Aumento de material particulado y gases.

Este impacto se origina principalmente en la construcción de vías, cargue y transporte del mineral.

También se produce por la operación de maquinaria y equipos de explotación, por la manipulación

del mineral o por la acción del viento sobre las pilas del mineral en los patios de acopio; así mismo, la descomposición de la roca y, en algunos casos, las voladuras liberan a la atmósfera material particulado y gases.

5.2.3 Impactos en el Componente Aire (ruido y vibraciones)

IMPACTO

- Incremento en los niveles de ruido.

Se produce por transporte, operación de maquinaria, y equipos utilizados en los Trabajos de Extracción y voladuras.

5.2.4 Impactos en el componente Suelo (alteración de las propiedades físico - químicas del suelo)

IMPACTOS

- Remoción en masa y pérdida del suelo.
- Contaminación del suelo.

Impactos derivados de la preparación y adecuación de terrenos para el inicio de la construcción, montaje y explotación minera, especialmente asociados a la disposición de escombros y residuos sólidos y líquidos.

5.2.5 IMPACTOS EN EL COMPONENTE BIÓTICO (FLORA)

IMPACTOS

- Remoción y pérdida de cobertura vegetal.

La cobertura vegetal se puede afectar por diversas maneras durante las actividades de construcción,

montaje y adecuación de áreas para la explotación.

Con la pérdida de especies vegetales se disminuye la biomasa vegetal, se altera el paisaje, se modifica el hábitat para la fauna, se aceleran o se inducen procesos erosivos, y se puede alterar la calidad y cantidad de aguas.

La minería subterránea puede generar reducción del ecosistema boscoso, en cuanto se requiera madera para el entibado de la mina.

5.2.6 IMPACTOS EN EL COMPONENTE BIÓTICO (FAUNA)

IMPACTOS

- Afectación de comunidades faunísticas.

Se presenta por:

- Dispersión o fuga de algunos individuos debido al incremento del ruido por las actividades de explotación.

- Incremento de la cacería sobre especies de valor comercial por parte del personal vinculado al proyecto.

- Alteración y disminución de hábitats por perdidas de cobertura vegetal

- Aumento de accidentalidad debido al incremento del tráfico vehicular.

5.2.7 IMPACTOS EN EL COMPONENTE SOCIAL (GENERACIÓN DE EXPECTATIVAS)

IMPACTOS

- Generación de expectativas

- Generación de Empleo

- Construcción y mejoramiento de la infraestructura vial básica y de servicios.

La inserción de un proyecto en una región genera expectativas (curiosidad, interés, temor o rechazo) en los pobladores del área de influencia del proyecto, por la adquisición de predios, la contratación de personal y los posibles impactos tanto negativos como benéficos que pueda causar.

5.2.8 IMPACTOS EN EL COMPONENTE SOCIAL (AFECTACIÓN DE LA INFRAESTRUCTURA PÚBLICA Y PRIVADA)

IMPACTOS

- Afectación de la infraestructura pública y privada.

La actividad minera puede causar daños en la infraestructura pública y privada, entre otros factores, por el incremento en el tránsito vehicular.

También se puede incrementar el riesgo de accidentalidad.

Son causados por la infraestructura del proyecto y la explotación. Estas generan alteraciones Sociales y económicas a la comunidad del área de influencia.

5.2.9 IMPACTOS EN EL COMPONENTE SOCIAL (CAMBIOS EN EL USO DEL SUELO)

IMPACTOS

- Cambios en el uso del suelo.

Son causados por la infraestructura del proyecto y la explotación. Estas generan alteraciones Sociales y económicas a la comunidad del área de influencia.

5.2.10 IMPACTOS EN EL COMPONENTE SOCIAL (CAMBIOS EN EL PAISAJE)

IMPACTOS

- Modificación del paisaje

Es una alteración en la armonía y la dinámica del paisaje, tanto natural como cultural, ocasionada por la infraestructura del proyecto y pos su operación.

5.2.11 IMPACTOS EN EL COMPONENTE SOCIAL (INCREMENTO EN EL USO DE BIENES Y SERVICIOS

IMPACTOS

- Incremento del uso de bienes y servicios

La presencia de personal ajeno a la zona, demanda bienes y servicios que alteran las condiciones y costumbres de la comunidad local.

6.0 MANEJO DE IMPACTOS AMBIENTALES

Se presentan fichas de manejo para los componentes ambientales afectados y para las actividades de Beneficio y Transformación minera, susceptibles de generar impactos. El concesionario minero deberá adaptar y precisar las fichas que considere pertinentes, de acuerdo a los impactos de sus labores particulares, para realizar un mejor proceso de gestión ambiental.

6.1 ABASTECIMIENTO DE AGUA

El proyecto minero tendrá en todas sus fases, un sistema de abastecimiento de agua, que garantice el suministro permanente para consumo humano y para los diferentes procesos mineros. El volumen total de agua necesario se calcula con base en el consumo promedio por persona según las condiciones locales y las necesidades reales industriales, definiendo las condiciones de calidad y cantidad del líquido. También es necesario considerar el suministro de agua para mantenimiento de equipo y maquinaria, aseo de oficinas y otras instalaciones, riego de jardines y sembrados vegetales.

El suministro de agua para campamentos y consumo humano se hará de acuerdo con los lineamientos establecidos en la legislación vigente, y con las condiciones propias del lugar de ejecución del proyecto.

En cuanto al consumo para fines industriales se calcula el caudal requerido en el proceso, con el fin de solicitar la concesión de aguas ante la autoridad ambiental, incluyendo los requerimientos para el consumo humano.

Para las fuentes de agua seleccionadas se hará un aforo de caudal en uno ó más sitios de captación posible. Si se trata de acuíferos, se hará una valoración de la capacidad de suministro, de acuerdo con las características de la formación geológica y tipo de acuífero, susceptible de ser aprovechado. Se hará una revisión de los registros históricos de caudal (si existen), o en su defecto, se hará por extrapolación, con el fin de establecer el régimen anual e interanual de caudales.

Se realiza un muestreo de aguas para su análisis físico, químico y bacteriológico, con el fin de establecer las probabilidades de utilización de éstas para su potabilización. El muestreo servirá de base para la realización del diseño conceptual del sistema de abastecimiento de agua potable, considerando: fuente y sistema de captación, unidades de tratamiento, y sistema de almacenamiento y distribución. Así mismo, de acuerdo con los volúmenes de agua requeridos y los resultados del muestreo, se selecciona el sistema de potabilización más adecuado.

Cualquiera que sea el sistema seleccionado, deberá proveerse, en todo caso, de un método para el tratamiento de lodos provenientes de las extracciones o purgas efectuadas en la decantación (cuando ésta exista), y del lavado de los filtros de la planta.

Se realizarán los diseños de ingeniería para la captación, conducción, potabilización, Almacenamiento y red de distribución del agua. Los criterios a considerar para el diseño del sistema de potabilización serán: el período de diseño (vida útil de estructuras y equipos y posibles extensiones y readecuaciones), la población de diseño (número de personas requeridas para la ejecución del proyecto minero), el flujo de diseño (caudales mínimos que suplan las necesidades del proyecto minero), el manual de operación del sistema (que incluirá rutinas de supervisión, mantenimiento de las áreas de captación, fuentes de abastecimiento y de infraestructura de tratamiento y distribución), el programa de control de calidad del agua (sitios de muestreo y formas de análisis, basados en las normas de calidad del agua) y la asignación de responsabilidades (funcionarios responsables y sus funciones claramente definidas en la ejecución de la gestión ambiental del manejo del agua). En el caso de las aguas industriales se determinará el tipo de almacenamiento y, si se requiere tratamiento, se realizarán los respectivos diseños.

6.2 MANEJO DE AGUAS LLUVIAS

Las aguas lluvias se deben manejar prioritariamente a través de su control y conducción en lugares críticos, mediante la construcción y mantenimiento de obras de drenaje como cunetas, entre otras. Simultáneamente, se debe realizar una campaña de capacitación y difusión para desarrollar la conciencia de las personas relacionadas con el proyecto minero, sobre la necesidad del manejo adecuado de los recursos hídricos y el medio ambiente.

Para el manejo de las aguas de escorrentía del campamento e infraestructura propia de la planta de beneficio y/o transformación se tendrán en cuenta los siguientes principios básicos:

La infraestructura para el beneficio y/o transformación debe ubicarse de manera que no obstruyan la red natural de drenaje del área donde se construye, o si es necesario para el proyecto, conducir dichas redes de manera adecuada.

Las aguas lluvias tendrán un sistema de manejo independiente que evite su contaminación, y serán dispuestas directamente al ambiente.

Para garantizar el correcto manejo de las aguas lluvias, especialmente en zonas de ladera, se construirá un canal interceptor sobre el perímetro de la instalación

6.3 MANEJO DE AGUAS RESIDUALES INDUSTRIALES

Las actividades de Beneficio y transformación frecuentemente genera reacciones químicas debido al contacto de los minerales con el agua, generando compuestos de naturaleza ácida. El contacto del agua con la pirita y otros minerales inestables como al azufre estimula procesos acelerados de oxidación que contribuyen a la acidificación del agua. Por otra parte, los drenajes resultantes de los procesos mineros arrastran partículas de compuestos que aumentan la turbidez de las aguas receptoras alterando así los procesos fotosintéticos de las plantas acuáticas, especialmente en ambientes lacustres.

Otro tipo de aguas residuales industriales mineras, contienen grasas, aceites y solventes provenientes, en su mayoría, de máquinas y equipos, o componentes químicos disueltos como sales, ácidos minerales y metales que no se degradan de forma natural y que pueden presentar algún grado de toxicidad. Por las razones anteriores, es necesario considerar un manejo especial de las aguas residuales de minería teniendo en cuenta las siguientes medidas:

- Realizar una caracterización detallada de la naturaleza química de los minerales procesados y de sus desechos, para predecir la posible formación de compuestos ácidos al contacto con el agua.

- El drenaje de las aguas residuales industriales, desde los sitios de beneficio y transformación se realizará preferiblemente por bombeo, ya que el drenaje por gravedad arrastra sedimentos y tiene mayor porcentaje de turbidez.

- Los sitios donde se almacenen escorias y otros residuos industriales minerales contarán con sistemas de recolección y tratamiento de las aguas de escorrentía que hayan entrado en contacto con ellos, antes de ser vertidas a un cuerpo de agua o de infiltrarlas en el suelo. Las aguas de escorrentía que hayan transitado sobre materiales estériles, apilamientos de mineral, y las provenientes de los drenajes mineros deben ser interceptadas y conducidas a sistemas de tratamiento mediante canales hechos en tierra o impermeabilizados.

Para el tratamiento de las aguas ácidas, se aplican técnicas de neutralización como la adición de cal, por su bajo costo y alta eficiencia.

Esta técnica se realiza en cinco etapas de tratamiento: la homogeneización, la mezcla, la aireación, la sedimentación y la disposición final del lodo de desecho.

-Para el tratamiento de los sólidos en suspensión de las aguas residuales industriales se proponen sedimentadores a gravedad en los que se realiza el almacenamiento temporal del agua. Estos pueden ser pozos, tanques o lagunas cuya condición principal es tener una baja velocidad de flujo que permita la sedimentación.

El tratamiento de aguas residuales industriales se hará en los mismos espacios de beneficio y transformación minera se hará de manera periódica para constatar que no se presenten fugas o infiltraciones.

Semestralmente se deben retirar los sedimentos de las pocetas de neutralización y sedimentadores. Los lugares y cuerpos receptores de los vertimientos finales deben ser aprobados por las autoridades ambientales.

En los procesos de transformación se generan aguas residuales especiales producidas en el manejo de mercurio y cianuro; para su manejo se tendrán en cuenta aspectos generales como:

- Cualquier persona que trabaje con o cerca a estas sustancias, deberá contar con información acerca de los riesgos, formas de uso, manejo y almacenamiento.

- Disponer de mecanismos de transporte y manipulación que eviten el contacto directo con la piel.

El manejo del mercurio se debe realizar siempre en circuitos cerrados, evitando cualquier vertimiento, mediante el uso de barriles amalgamadores y retortas que permiten realizar una recuperación máxima del mercurio.

Para el manejo del cianuro se tendrá mediadas especiales tales como:

- Mantener antídotos en la planta para actuar en los casos de envenenamiento por ingestión o absorción.

- El cianuro se puede recuperar desde líquidos con diversos procesos como: AVR, SART, AFR, MNR, Hannah, etc.

- El cianuro también puede ser destruido en líquidos usando diversos procesos como: INCO (Dióxido de azufre), Peróxido de hidrógeno, degradación natural, entre otros. La degradación del cianuro genera amonio, nitrato y nitrito que pueden requerir sistemas biológicos, lagunas o piscinas especiales para tomar el nitrógeno de estos efluentes.

6.4 MANEJO DE MATERIAL PARTÍCULADO Y GASES

Durante las actividades de Beneficio minero se desprende material particulado, producto de la disgregación o fragmentación del mineral de interés. Igualmente, se genera material particulado durante el transporte de los productos, por vías sin asfalto y vehículos que no tienen una cubierta adecuada. En las actividades de Transformación del mineral se generan gases, por la mezcla de reactivos químicos, por la fundición o por combustión.

El material particulado desprendido al aire, es conocido como polvo, se presenta en tamaños entre 1 y 1000 μm y su composición química varía en función de las características del material del cual se desprende. Debido a su bajo peso se deposita, por acción de la gravedad, en la superficie terrestre y sobre la vegetación, obstruyendo su capacidad de intercambio gaseoso y de captación lumínica.

Las personas sometidas a atmósferas cargadas de polvo, pueden sufrir complicaciones respiratorias (silicosis y la asbestosis), daños en los ojos e incluso alergias. La emisión de material particulado y gases causa inconformidad de las comunidades que se encuentran dentro del área de influencia de la planta de beneficio y transformación, ya que se enrarece el aire respirable y se llenan de polvo sus calles, casas, jardines, alimentos y cultivos.

Frente a los problemas ambientales que causan los materiales particulado y la emisión de gases, se implementarán las medidas correctoras y mitigadoras que se hayan planeado y que sean necesarias. Se hará monitoreo de los niveles de emisión de partículas, mediante una red de monitores ubicados en sitios seleccionados de acuerdo con: condiciones de viento, topografía del sitio, condiciones meteorológicas y tiempo de permanencia en el aire del material particulado. Así mismo se tendrán en cuenta: la altura de los monitores (altura media de respiración de los seres humanos), la distancia respecto a obstáculos (separado de paredes u otros obstáculos que impidan el registro de la emisión real de polvo y gases), la sensibilidad del muestreador (existen algunos estandarizados por las normas técnicas (muestreadores Hi . Vol. (High volumen), muestreadores de aire respirable

PM10), el método de lectura y análisis; y la normatividad vigente para protección y control de la calidad del aire.

El número de los monitores será mayor, si se espera una alta variabilidad de las concentraciones del contaminante en el área de estudio.

Así mismo se deberá instalar equipos para la medición de gases: NOX, SOX y HC.

Como parte fundamental del Programa de Calidad del Aire deberá implantarse un procedimiento para garantizar la calidad del muestreo, el cual deberá seguir los siguientes lineamientos: descripción del equipo y sistema de calibración, tipo de controlador y registrador de flujo, frecuencia de calibración, programa de auditoría, procedimiento de control de calidad, precisión de datos y procedimientos de cálculo de la exactitud de los equipos, formatos que se implementarán y frecuencia de reporte.

MEDIDAS DE PREVENCIÓN Y CONTROL

1. Planear la ubicación de sitios de acopio, máquinas, hornos, trituradoras y áreas de servicio (infraestructura de soporte) por fuera del área de influencia de las comunidades de la zona, utilizando como criterio básico la dirección dominante de los vientos.

2. Acondicionar captadores de polvo a la maquinaria de trituración y molienda, con lo cual se logra la recuperación de material Partículado altamente peligroso para los operadores (menor de 5 micras), se reducen los costos de mantenimiento y de procesos industriales.

3. Se implementarán métodos de control de velocidad de vehículos (con señalización e instrucciones claras y reductoras de velocidad), métodos educativos para todas las personas vinculadas al proyecto minero, incluso al personal directivo. Se hará riego de vías y minerales procesados que estén expuestos al viento, y de ser posible se adicionarán estabilizantes químicos (agentes humificadores y creadores de costra superficial y sales higroscópicas) o se colocarán láminas filtrantes sintéticas (geotextiles).

4. Las emisiones fugitivas de polvo se pueden controlar mediante encerramientos, ciclones, precipitación electrostática o diseños de sistemas de filtro, que permiten colectarlo y reciclarlo en el proceso que viene.

5. Los óxidos de nitrógeno y de azufre requieren control para evitar su oxidación y posterior producción de lluvia ácida.

FUENTE: Pilas de minerales: provenientes del beneficio y transformación

MEDIDAS:

- Humectación de pilas.

- Cubrimiento de pilas

- Instalación de barreras rompevientos para patios de acopio

- Aplicación de agentes químicos que forman costras superficiales

FUENTE: Puntos de transferencia y manipulación de minerales

MEDIDAS:

- Instalación de barrera mecánica/física o presión negativa de cierre

- Implementación de inyectores de agua con o sin espuma

- Instalación de captadores de polvo (ciclones, filtros y precipitadores electrostáticos)

FUENTES: Disposición de Colas y Escorias

MEDIDAS:

- Instalación de pantallas rompevientos

- Implantación de vegetación

- Empleo de estabilizadores

FUENTE: Vías

MEDIDAS:

- Pavimentación de los accesos permanentes del proyecto

- Mantenimiento continuo de las vías para retirar el polvo acumulado sobre estas

- Regulación de la velocidad de circulación de vehículos

- Revegetación de áreas adyacentes a las vías de transporte

- Limitación de los cruces de vías

- Sustitución de los camiones por bandas transportadoras

- Riego

FUENTE: Fundición.

MEDIDAS:

- Instalación de sistemas de extracción de polvo, gas y rocios ácidos

6.5 MANEJO DEL RUIDO

Para el manejo de ruidos provenientes de las plantas de Beneficio y Transformación de Minerales se busca su reducción en la fuente (rediseño o reemplazo), la modificación de la ruta de propagación (uso de encerramiento, pantallas, etc.) o el aislamiento del receptor. Generalmente, la reducción de la fuente de ruido es el método más usado y más efectivo de los tres.

El manejo de ruido en los procesos industriales de beneficio y transformación se debe realizar desde la planeación con la consecución de materiales acústicos apropiados para sus maquinarias e instalaciones, tales como absorbentes (transformadores de la energía sonora en energía térmica), de barrera (materiales de masa densa, que proporcionan aislamiento) y de amortiguación (se adhieren a placas de metal para reducir la radiación del ruido).

Tipos de materiales para manejo del ruido, que deben tenerse en cuenta en las maquinarias y otros componentes generadores de ruido.

- Absorbentes : Lana de vidrio, espumas de poliuretano, espumas con películas protectoras.

- De barrera Naturales :(arborización, materiales de acopio), planchas de acero (1mm-2,5mm), vidrio (6mm), concreto (100mm).

- Amortiguación :Sustancias viscosas o elásticas (caucho y plástico)

Los encerramientos acústicos son eficaces en la reducción del ruido, tanto en el interior y exterior de las plantas de beneficio y transformación como en los demás lugares de generación de ruido; pero no son del todo recomendables porque reducen la verificación e iluminación necesarias para la realización de los procesos industriales.

Otras medidas de atenuación del ruido son:

- Adecuar los horarios de trabajo para no interferir con las horas nocturnas de descanso.

- Manejar responsablemente el tráfico vehicular dentro y fuera del proyecto, para evitar ruidos como pitos, frenos, motores desajustados.

Implementar un sistema de monitoreo de ruidos, teniendo en cuenta lo siguiente:

- Tomar en cuenta los ruidos ambientales externos a la planta.

- El registro de datos de medición del sonido debe ser preciso y completo

6.6 MANEJO DE COMBUSTIBLES

Los combustibles son sustancias derivadas del petróleo como aceites, lubricantes, gasolina, petróleo, kerosene, grasas, etc., que se utilizan para el funcionamiento y el mantenimiento de vehículos, maquinaria y equipos mineros en general. Para el manejo de combustibles se consideran las siguientes aspectos:

•   Limitar la aplicación y el uso de sustancias químicas derivadas del petróleo en sectores cercanos a cursos de agua y campamentos.

•   Asegurar el almacenamiento, transporte y adecuada disposición de los combustibles. El almacenamiento deberá realizarse en bodegas que se ubicarán a distancias adecuadas, para no alterar los cursos de agua y los campamentos; se hará en áreas confinadas y cubiertas, para evitar que se presenten derrames o fugas que puedan contaminar el suelo. Se debe contar con trampa de grasas.

•   Se hará prevención y control de derrames durante el transporte y llenado de los tanques de combustibles, utilizando un sistema adecuado de bombeo y áreas impermeabilizadas. En caso de derrames de algún producto líquido, evite su escurrimiento haciendo canaletas alrededor y recójalo con aserrín, tierra o arena.

Posteriormente disponga el material en un relleno de seguridad apropiado con alta capacidad de impermeabilización a más de un metro de profundidad y lejos de los cursos de agua.

•	Los cambios de aceite de los motores se harán preferiblemente en el campamento, evitando los derrames en tierra. Se utilizará una bomba de accionamiento manual.

•	El aceite usado deberá almacenarse de manera adecuada, devolverse a proveedores, o disponerse de acuerdo a las normas vigentes.

6.7 MANEJO DE RESIDUOS SÓLIDOS INDUSTRIALES (COLAS)

La separación de minerales de su roca madre, requiere de procesos físico- químicos, que involucran el uso de agua y dan paso a los procesos de aislamiento del mineral mediante flotación, es hidratación, espesamiento, filtración, evaporación, lavado o floculación, entre otros, originando desechos residuales líquidos que contienen restos del mineral separado y sustancias químicas empleadas como solventes. Estos procesos pueden ser bajo mecanismos químicos o apoyados en microorganismos. Los lodos provenientes de los procesos de separación de minerales serán tratados según los siguientes aspectos:

• Se realizará una caracterización química y geoquímica de los lodos y las colas (mineralogía, contaminantes lixiviables, generación de ácidos potenciales, gravedad específica, capacidad de floculación y precipitación, plasticidad frente a cambios climáticos) lo cual permitirá minimizar y prevenir problemas de diseño y a largo plazo.

• El tratamiento de colas se realizará en sitios alejados de cuerpos de aguas naturales y en estructuras especiales que eviten su infiltración al suelo y a aguas subterráneas. La elección de los sitios implica además las consideraciones paisajistas, de uso de suelo, sísmicas y de opinión pública.

•   En los casos donde sea posible, se implementarán mecanismos de recobro in situ en lugar de la extracción seguida del beneficio en superficie a fin de reducir los impactos ambientales (lixiviación in situ vs lixiviación de cuba, lixiviación de desechos, flotación de espuma).

•   Canalizar.

•   Utilizar materiales impermeables que eviten escapes en las lagunas, plataformas y estructuras de las tuberías y canales, por las cuales circulará el agua de las colas.

•   Las colas de sulfuro de más alto grado se pueden depositar por separado en ambientes de poco oxígeno para minimizar la oxidación.

•   Los lodos densos no se dispondrán a la intemperie, ya que se podrán lixiviar a sustratos más profundos del suelo, o producir erosión con el viento o con el agua lluvia, que se depositan en cuerpos de aguas superficiales y subterráneas y por lo tanto ingresa en las cadenas alimenticias.

•   Se requieren encerramientos a largo plazo (de 100 a 200 o más años), por la gran cantidad de metales que puede contener; estos encerramientos serán totales y de forma hermética al público.

•   Las piscinas de colas tendrán estructuras de rebose alto para evitar el desborde por lluvias y derrames de las sustancias almacenadas. También se adecuarán drenajes y trabajos de decantación para controlar la liberación de agua y los desprendimientos por exceso. En zonas donde exista actividad sísmica, se adoptarán medidas de estabilidad.

•   El plan de manejo para las piscinas de colas, contendrá, entre otros aspectos, el encapsulamiento de los desechos que generan ácidos con materiales que tengan potencial de neutralización, la adición de álcalis (limestone) dentro de las colas para proveer carbonatos y prevenir la acidificación excesiva, y la reducción de disminuciones de pH por adición de tiosales.

•   Implementación de sistemas como detoxificación de cianuro con el objeto de hacer una deposición final de aguas y cobertura de las piscinas de colas con placas o barreras visuales de vegetación, para prevenir la erosión y lixiviación.

•   Se contemplarán programas de análisis y creación de respuestas inmediatas frente a los riesgos que puede ocasionar una piscina de colas; así mismo un sistema de control y vigilancia durante y después del funcionamiento de la piscina de colas.

•   Las colas son un pasivo potencial; algunos remanentes químicos pueden reutilizarse y aprovecharse en un nuevo proceso industrial de separación. Hasta donde sea posible deben de reutilizarse, ya que su deposición en piscinas de colas puede tardar muchos años para su degradación completa.

6.8 MANEJO DE RESIDUOS SÓLIDOS INDUSTRIALES (ESCORIAS)

Los procesos industriales de transformación de metales bajo formas pirometalúrgicas, como los efectuados para hierro, níquel, aluminio, cobre, cinc y estaño, entre otros, generan escorias y desechos sólidos que deben ser tratados en medidas de manejo ambiental específicas, que incluyan la evaluación y el monitoreo continuo de sus características, su disposición y su posible dispersión ambiental. Las escorias pueden generar lodos ácidos y alcalinos como sulfatos e hidróxidos.

Las medidas específicas de manejo son:

• Realizar una caracterización físico química de los minerales que están presentes en las escorias para determinar su peligrosidad, predecir los efectos de su almacenamiento y hacer el diseño de los lugares apropiados donde se dispondrán (rellenos de seguridad), reduciendo así el potencial de liberación de constituyentes químicos, tanto en los desechos finales como en los cuerpos de agua subterráneos y superficiales localizados en el área de influencia de las pilas de escorias.

• Realizar un manejo especial de las escorias evitando la

deposición sobre cuerpos de agua natural. Las pilas de escorias de fundición estarán alejadas de las cuencas de drenaje. Analizar la posibilidad de recuperar, reciclar y re-usar el material de las escorias.

• Durante el almacenamiento temporal se cubrirán las escorias con material de polietileno o con plásticos y se hará un encerramiento con barreras para evitar el acceso público. La superficie de almacenamiento de las pilas de escorias estará cubierta con materiales geosintéticos impermeables, que eviten lixiviados provenientes de las escorias.

• A las aguas de drenaje provenientes de los sitios de acumulación de escorias se les realizarán los análisis físico-químicos y el monitoreo respectivo, para controlar los límites permitidos de metales y otras sustancias químicas. También se hará monitoreo de los cuerpos de agua subterráneos, ya que es muy posible que ocurra infiltración de lixiviados provenientes de las pilas de escorias.

• Asegurar los recursos financieros para el adecuado cierre y abandono de las actividades de beneficio y transformación de minerales, a fin de que no queden a la intemperie, o sin control, depósitos de escorias o sustancias de desecho industrial minero. Tener en cuenta que con el cierre de las actividades industriales, el suelo será utilizado en otros usos públicos tales como zonas naturales para recuperar sus atributos ecológicos o paisajísticos.

• Adecuar un plan de respuesta ante las eventuales emergencias ocurridas por la manipulación y almacenamiento de escorias.

6.9 MANEJO DE SUSTANCIAS Y RESIDUOS SÓLIDOS PELIGROSOS

En el proceso industrial de Beneficio y Transformación de Minerales se utilizan y se producen diversos residuos sólidos, propios o del procesamiento de minerales (material estéril, neumáticos, envases, baterías, filtros, plásticos, chatarra, residuos orgánicos, entre otros) que se podrían clasificar en reciclables, reutilizables, desechos orgánicos, materiales tóxicos comerciables, materiales tóxicos no comerciables, y un pequeño remanente por clasificar.

En cuanto al uso y la generación de residuos sólidos, el manejo es prioritariamente preventivo y de control, teniendo en cuenta las siguientes recomendaciones:

Antes de iniciar las labores industriales, el concesionario deberá coordinar con la empresa de servicios públicos local, lo relacionado con el manejo, recolección y disposición final de residuos sólidos, tanto domésticos como peligrosos.

Mediante planes estructurados de educación ambiental, se indicará al personal que labora en las actividades de Beneficio y Transformación, y a toda persona que tenga relación, con la misma importancia que tiene para el medio ambiente y para la salud de la población, el adecuado manejo de los residuos sólidos.

• Como resultado de la aplicación de planes de educación ambiental y sensibilización debe Minimizarse la producción de residuos sólidos y realizar su separación en la fuente.

• Disponer de recipientes señalados para la separación en la fuente.

• Reciclar y transportar los residuos hasta sitios de acopio más cercanos.

• Los residuos orgánicos podrán ser dispuestos en el Relleno Sanitario más cercano al área del proyecto, ser entregados para compostaje o ser utilizados como alimento de animales de la comunidad local.

• Se debe evitar la disposición de material sobrante en áreas de importancia ambiental como humedales o zonas de productividad agrícola.

• Los residuos sólidos producidos en los campamentos pueden ser: Residuos sólidos ordinarios o domésticos, los cuales, desde el punto de vista físico, se clasifican en: Desechos de alimentos, papel y cartones, plásticos, textiles, caucho, madera, vidrio, metales y llantas. El otro tipo son los Residuos peligrosos: que son las grasas y lubricantes (semisólidos), filtros de combustibles, baterías de los vehículos empleados en la ejecución de la obra, residuos sólidos del beneficio y transformación.

• La correcta disposición de los residuos se inicia con un almacenamiento en la fuente de generación. Los residuos sólidos ordinarios se deben almacenar en recipientes de plástico reutilizables y bolsas plásticas desechables que facilitan la manipulación de los residuos.

• Para los residuos sólidos peligrosos se deben diseñar sitios con base sintética sobre arcilla compacta, impermeabilizados con sistemas integrados de colección de lixiviados, y áreas neutralizadas alrededor, controles de aguas superficiales y gases. Para un monitoreo anual se debe mantener un registro diario del ingreso de desechos al sitio y sus componentes.

• El personal que maneja las sustancias y residuos peligrosos, debe tener guantes de látex, caretas y ropas adecuadas. No se permitirá el acceso de personal no autorizado.

• Las áreas designadas para almacenamiento de sustancias y residuos sólidos ordinarios y especiales, deben ubicarse en lugares visibles y ser fácilmente identificables por las personas vinculadas al proyecto.

• El tiempo de almacenamiento debe ser tal, que los residuos .ya sean ordinarios o especiales. no presenten ningún tipo de descomposición.

• Se debe recuperar la mayor cantidad de residuos sólidos posible y disponer solamente lo que no es reutilizable, para alargar así la vida útil del relleno sanitario.

• Se debe delimitar el área del relleno sanitario y construir canales y diques contenedores, con el fin de impedir que las aguas de escorrentía sean afectadas por aguas contaminadas provenientes de estas disposiciones.

• Realizar un manejo técnico de gases en el área de rellenos sanitarios, para evitar acumulaciones que pongan en riesgo al personal del proyecto.

• Planificación de la disposición final de los desechos provenientes del desmantelamiento. Los materiales reutilizables serán retirados por el concesionario y dispuestos, según su interés, en otro sitio u obra que esté adelantando. Los escombros generados en el desmantelamiento de campamentos y centros de acopio deben ser dispuestos de manera que no afecten los ecosistemas circulantes.

6.10 PLAN DE GESTIÓN SOCIAL

Es importante que el concesionario minero interactúe con los dueños de predios, comunidades, ONG.s, y autoridades locales, ambientales y mineras; para lo cual debe diseñarse un plan de Gestión Social que promueva las relaciones armónicas. Este Programa es el eje conductor de toda la Gestión Ambiental, se basa en el principio de responsabilidad social empresarial y tiene como objetivo construir la sostenibilidad integral del proyecto. Se sugiere consultar los lineamientos estratégicos sobre participación ciudadana y comunitaria del sector minero-energético. Las medidas contempladas para el plan de gestión social son:

1. Programa de Información y participación comunitaria:

Se fundamenta en el compromiso constitucional de informar a las comunidades localizadas en el área de influencia directa del proyecto, sobre la naturaleza del mismo, los impactos ambientales identificados y las medidas previstas. Una vez iniciadas las actividades licenciadas, deberán periódicamente ser informadas y participar de los resultados de la implementación del manejo ambiental y de las medidas correctivas que de éste se deriven.

Para el desarrollo del programa es necesario tener en cuenta el reconocimiento de la diversidad social y cultural de las comunidades localizadas en la zona del proyecto.

En la planeación específica para las actividades de beneficio y transformación, se deben realizar reuniones con la comunidad. En las que se exponen algunos detalles pertinentes y de interés comunitario, las características de las obras, los procesos constructivos y operativos, las posibles afectaciones en los predios, y las posibilidades reales de empleo local.

Para la realización de reuniones, se sugiere realizarlas en escuelas o sitios de congregación usual en la zona. La participación de los grupos étnicos en la gestión ambiental se debe realizar de acuerdo con la legislación vigente.

La información que se brinde a las comunidades y a las autoridades debe ser clara, accesible y actualizada.

Para una mejor coordinación de los aspectos sociales y comunitarios, es importante que el concesionario minero organice un vínculo permanente con la comunidad, mantenga una constante comunicación con las autoridades ambientales y cuente con una persona que atienda las quejas, sugerencias y reclamos, y se encargue de registrar y resolver esos asuntos.

2. Programa de Educación Ambiental:

La educación ambiental en el proceso de beneficio y transformación es la base de una buena gestión ambiental, ya que facilita la planeación y ejecución del manejo ambiental y posibilita la disminución de los efectos negativos que puede generar el proyecto, desde la construcción y montaje de la obra, hasta su cierre y abandono.

Por lo tanto, todo proyecto minero debe incluir un programa de educación ambiental, dirigido a dos públicos: a las comunidades asentadas en la zona del proyecto y al personal vinculado al proyecto (incluida la dirección de la empresa).

La educación ambiental para las comunidades se realiza a partir del diálogo de saberes, y se orienta hacia el diseño y la ejecución de las acciones pedagógicas y participativas, que contribuyan al manejo sostenible del ambiente y al establecimiento de pautas para la convivencia armónica entre el proyecto, la comunidad y el entorno natural, así como al fortalecimiento de la capacidad de autogestión comunitaria.

La participación del personal vinculado al proyecto dentro de los programas de educación ambiental, tiene varios objetivos, entre los cuales está la promoción del respeto por los recursos naturales renovables de influencia del proyecto minero. Algunos de los temas sugeridos para realizar el programa de educación ambiental minero son:

• Concientización ambiental de todos los empleados relacionados directa o indirectamente con el proyecto

• Normatividad legal regional y nacional sobre la protección ambiental, entidades encargadas de su regulación.

• Funciones y responsabilidades sobre la Gestión Ambiental para el proyecto minero.

• Importancia de los recursos naturales renovables sobre el paisaje regional y sus funciones ecológicas de beneficio humano directo e indirecto.

• Discusión de las alternativas ambientales de producción minera más limpia.

• Importancia de una buena gestión y desempeño minero.

• Importancia del cumplimiento ambiental.

• Consecuencias del incumplimiento ambiental y de una gestión y desempeño deficientes.

• Se deben diseñar cursos de educación ambiental y de capacitación para todo el personal que se relacione con el proyecto minero y se deben ajustar a la realidad del proyecto.

Además se deben tener en cuenta los siguientes aspectos logísticos y de funcionamiento:

•	Se deben seleccionar sitios adecuados para presentar los talleres, seminarios, charlas técnicas y otro material de capacitación ambiental.

•	Se pueden establecer algunos incentivos académicos al personal de la empresa, para que con sus ideas, se mejoren los controles ambientales de emisiones, vertimientos y manejo de residuos sólidos, tanto de los procesos como de las actividades de las fichas del plan de manejo ambiental.

•	Es importante para la eficiencia del programa de educación ambiental efectuar un seguimiento a su calidad y resultados, mediante evaluación al personal que la recibe, a los docentes que la imparten y a su contribución al mejoramiento del cumplimiento y desempeño ambiental.

•	La aplicación del programa de educación ambiental se realizará durante toda la vida útil del proyecto de exploración y explotación de la concesión minera, durante las actividades extractivas y durante el cierre y abandono de las actividades mineras e industriales.

3. Programa de Fortalecimiento Institucional:

Es muy importante para el proyecto minero mantener una buena imagen que le permita mejorar la coordinación con las autoridades municipales, departamentales, ambientales, mineras y las demás que se encuentren presentes en el área de influencia del proyecto minero. El fortalecimiento institucional para la empresa minera debe estar contemplado durante toda su vida útil.

Las medidas recomendadas para el fortalecimiento institucional contemplan;

• Armonizar las relaciones internas, al igual que las externas con Alcaldías municipales en su área de influencia, los departamentos, las Corporaciones Autónomas Regionales competentes, las autoridades mineras y otras entidades del sector público de interés.

• Buscar mecanismos de concertación entre la administración municipal, la comunidad y el proyecto minero; de tal forma que se aclaren las participaciones económicas, las responsabilidades, los deberes y los derechos.

• Participación del concesionario minero y su institución en aquellas actividades que considere importantes en su área de influencia y que tengan relación con su objeto social.

• Reconocimiento de la organización minera como único interlocutor válido.

• Selección de los proyectos o actividades, en los cuales participará la empresa.

4. Programa de Contratación de Mano de Obra:

En el desarrollo de las actividades de beneficio y transformación se requiere contratar personal de apoyo tanto calificado como no calificado. Esta situación puede ser positiva, si es vista como generación de empleo para la zona; pero también puede ser negativa, porque puede generar problemas de inequidad social y de inducción de migraciones humanas, acarreando otros conflictos sociales. La oferta de mano de obra no calificada, en la mayoría de las áreas donde se encuentran las minas y los sitios de almacenamiento y procesamiento, es bastante importante, por lo cual deben tener en cuenta los siguientes criterios:

• La oficina de Recursos Humanos de la empresa, o la que cumpla estas funciones determinará las necesidades de mano de obra, con base en las solicitudes de las diferentes dependencias.

•	Divulgación de las necesidades de mano de obra que puedan ser cubiertas por personal de la zona. Se recomienda tratar el tema de contratación de personal, en reuniones con la comunidad y con sectores organizados de la misma (Juntas de Acción Comunal, Cooperativas y otro tipo de organización local comunitaria). También es recomendable asesorarse de las autoridades locales y de la personería municipal.

•	Incentivar los grupos asociativos que puedan servir de contratistas a la empresa o a otras instituciones de la región.

•	La contratación de personal no calificado para la realización de las diversas labores de apoyo, debe darse prioritariamente con personal local.

•	Debe establecerse claramente el perfil de las personas que se requieren para la obra y, hacer una selección objetiva de los solicitantes

6.11 MANEJO PAISAJÍSTICO

Las plantas de beneficio y transformación de minerales realizarán sus procesos industriales en armonía con el paisaje, adaptando barreras visuales que eviten el contraste de las pilas de mineral, piscinas, canales, grandes construcciones y maquinarias, con el paisaje natural predominante. El paisaje se armonizará desde lo visual, lo sonoro y lo olfativo para que las comunidades humanas cercanas y los sistemas naturales no se vean alterados por el proyecto.

Las medidas de manejo paisajístico reducirán su degradación al máximo y planearán actividades para su recuperación durante y después del proceso industrial. Las obras de formas geométricas o muy extendidas crean contrastes antiestéticos con las formas y líneas naturales del paisaje; por esta razón, se implementarán diseños y medidas de manejo productivo concordantes con la fisionomía del que es considerado como recurso visual y patrimonio colectivo. Para el manejo paisajístico se tendrán en cuenta los siguientes criterios:

• Armonizar el área de trabajo con el medio circundante, de forma que el observador ajeno a los proyectos mineros no tenga un impacto visual negativo o este sea mínimo.

• Las pilas de mineral, escorias y estériles se deben ubicar de tal forma que sean estructuras armonizadas al paisaje.

- Se buscará la integración al paisaje de las pilas de acumulación.

- Se deben establecer pantallas visuales que pueden ser de materiales estériles, de vegetación o mixtas

- Al final de la actividad industrial, la readecuación de los sitios usados en el apilamiento se realizará de acuerdo con las formas del terreno y las pendientes de las laderas.

Utilizar geoformas preexistentes como laderas, valles u otras depresiones naturales, con el fin de propiciar el ocultamiento de las escombreras.

- La construcción de edificaciones de los proyectos mineros, deberá realizarse en diseños concordantes con las características propias del entorno, utilizando materiales y arquitectura poco contrastante con el entorno biofísico y cultural. Un buen criterio que puede utilizarse con estos fines, está relacionado con el aprovechamiento de las geoformas naturales.

Acciones para el modelado de las pilas de almacenamiento

1. Teniendo en cuenta que el ojo humano percibe más las dimensiones verticales que las horizontales, es aconsejable darle a las pilas de almacenamiento una forma alargada y de poca altura.
2. La distribución del material sobre una ladera en pendiente hace que en la parte más alejada del observador se aprecie una menor masa aparente.
3. La altura de las pilas de almacenamiento no deberá sobrepasar la cota altitudinal del entorno para que así no se destaque en la línea del horizonte.
4. Las líneas curvas sobre superficies suaves producen una intrusión visual menor que las líneas y cortes rectos sobre superficies planas, que acentúan formas y volúmenes.

5. Las litologías con colores fuertes y llamativos intensifican y agravan las sensaciones ópticas de los observadores, al contrastar con el colorido suave y vistosidad natural de suelos y vegetación.

7.0 PREVENCIÓN Y REDUCCIÓN DE LA CONTAMINACIÓN

Si se tiene en cuenta y se colocan en práctica desde un comienzo las guías ambientales para explotaciones mineras no solo se pueden prevenir, sino también reducir el impacto y posterior daño ambiental.

La gran parte de los países suramericanos cuentan con estas guías además colocan en práctica las normas internacionales vigentes.

Se debe de tener muy en cuenta la clase de material que se esta explotando por que no todas las guías aplican o son para aplicarlas en términos generales en minería.

Si se previene y se reducen los daños ambientales la sostenibilidad del proyecto

8.0 CIERRE DE MINAS, DESMONTE Y ABANDONO DE INSTALACIONES

Es la ejecución de un programa que garantice que el cierre de la mina se llevará a cabo en armonía con el medio ambiente, asegurando la sustentabilidad de las comunidades cercanas.

El desarrollo de estudios y análisis geológicos, hidrológicos, geotécnicos y ambientales a cargo de especialistas, se requiere para establecer los procesos y acciones a desarrollar, que se enmarcan dentro del Plan de Cierre. Trabajo estrecho con la autoridad ambiental y con representantes de las comunidades de la zona.

El concepto es dejar el área impactada por las operaciones mineras en condiciones similares a las naturales, para lo cual el cierre se centra básicamente en tres iniciativas:

- Restituir las geoformas de la zona.

- Asegurar su estabilidad física y química de las instalaciones, posterior al cierre.

- Asegurar la calidad y cantidad de agua de río, que cruza por la zona.

El Plan de Cierre de una mina debe tomar en consideración las condiciones del área antes de la explotación (Líneas Base ambientales), durante el desarrollo de la actividad, la finalización de las actividades y el uso posterior del suelo.

El Plan también debe tener en cuenta los impactos positivos y negativos generados por la actividad durante su operación, los cuáles han sido convenientemente documentados en el correspondiente Plan de Manejo; y analizar la respuesta del territorio a los procesos naturales de su entorno.

Las actividades de cierre y abandono de mina se tendrán en cuenta desde el planeamiento minero y durante la ejecución del proyecto minero.

Los objetivos del cierre de minas son:

La protección de la salud humana y el medio ambiente mediante el mantenimiento de la estabilidad física y química.

Un uso beneficioso de la tierra una vez que concluyan las operaciones mineras (por ejemplo,

hábitat para la fauna silvestre, campos de pastoreo, recreación, o futura exploración y explotación minera).

Mantener la estabilidad física y química es fundamental para proteger la salud humana y el

medio ambiente. La estabilidad física implica la estabilidad de taludes, con lo que se protege de derrumbes catastróficos tanto a las áreas locales como aquéllas ubicadas aguas abajo. Sin

embargo, también se refiere a la estabilidad contra la erosión eólica y del agua, y por lo tanto, el transporte desde la instalación de polvo o sedimentos que pudieran tener un impacto dañino sobre la salud humana y el medio ambiente. Resulta necesario mantener la estabilidad de taludes de los tajos, botaderos de desechos, o depósitos de relaves a menos que el acceso a

las áreas se encuentre permanentemente limitado.

Como parte del cierre, si no pueden estabilizarse las áreas, podría ser necesario poner en práctica restricciones permanentes al uso de la tierra, restricciones a su traspaso y control del

acceso. En áreas sísmicas, por ejemplo, puede restringirse la construcción de viviendas en áreas situadas aguas abajo de las grandes presas de relaves. Igualmente, las instalaciones de

componentes que han sido bloqueadas, encapsuladas, o cubiertas en una mina cerrada deberían ser protegidas de la minería informal e ilegal que puede amenazar su seguridad.

La estabilidad química se refiere a la contención de sustancias químicas contaminantes y a

evitar que las mismas sean introducidas al medio ambiente. La estabilidad química puede establecerse mediante el control de la fuente emisora, el control de migración, o el tratamiento.

El control de la fuente ha demostrado ser el medio óptimo para alcanzar la estabilidad química.

Este control se logra evitando la descarga de sustancias contaminantes, para lo que se elimina

la fuente o uno o más componentes que pueden conducir a la formación de contaminantes. No obstante ello, el control de fuentes no es siempre posible.

El control de la migración también puede usarse para mantener la estabilidad química una vez

formadas las sustancias contaminantes. El control de la migración implica controlar la migración de soluciones de lixiviación hacia el medio ambiente. Esto puede lograrse mediante la encapsulación superficial y subterránea construyendo cubiertas de baja permeabilidad, revestimientos y muros de contención de rezumaderos, todos especialmente diseñados. La intercepción y el tratamiento de sustancias lixiviadas contaminantes, una vez generadas y descargadas, es otra alternativa común.

El uso del tratamiento no se recomienda para el cierre de minas porque implica mantenimiento perpetuo así como la generación y disposición de lodo. El tratamiento puede ser activo como los tratamientos químicos, o pasivo como los pantanos especialmente construidos.

El uso futuro de la tierra de un área sometida a la explotación minera es decisivo para definir el diseño del cierre de una mina. La meta obvia del uso de la tierra en el período posterior a los trabajos de minado es apoyar un uso beneficioso del terreno. Los usos beneficiosos del terreno en el período posterior a los trabajos de minado pueden incluir hábitat de la fauna silvestre, campos para pastoreo, recreación en lagos especialmente diseñados, construcción de instalaciones recreativas como campos de golf sobre de depósitos de relaves, construcción de parques industriales sobre botaderos de desmonte u otros desperdicios. Dependiendo de la

propiedad de la tierra, el uso beneficioso del terreno una vez concluida la extracción minera puede ser definido por la compañía minera con o sin la participación de los organismos reguladores. Esta área está actualmente recibiendo una atención considerable y se espera que en el futuro se genere un gran debate sobre el uso de la tierra después de los trabajos de minería. Se recomienda que los habitantes de las aldeas, pueblos y ciudades de los alrededores tomen parte en establecer cuál debiera ser ese uso.

Para ello se recomienda también que el gobierno actúe como

un agente regulador entre los habitantes locales y las compañías mineras y que la mayor parte posible de los temas referidos al uso de la tierra en el período posterior a los trabajos de minado se establezca antes o durante la planificación del proyecto.

El gobierno también debería proporcionar un registro actualizado de potenciales usos

beneficiosos de la tierra en cada región.

9.0 PASIVOS AMBIENTALES

Los pasivos ambientales mineros se definen como "aquellas instalaciones, efluentes, emisiones, restos o depósitos de residuos producidos por operaciones mineras, en la actualidad abandonadas o inactivas y que constituyen un riesgo permanente y potencial para la salud de la población, el ecosistema circundante y la propiedad".

Un PASIVO AMBIENTAL, Constituye una amenaza real para la salud y representan un riesgo para el desarrollo sostenible de su entorno, que limitan el futuro desarrollo minero local y nacional.

Se procede a evaluar los pasivos identificados a fin de determinar los tipos de contaminantes, sus cantidades y sus características físicas, químicas, biológicas o toxicológicas, a fin de clasificarlos de acuerdo al mayor o menor riesgo que pudiera ocasionar.

La minería, originó pasivos a través de excavaciones abiertas abandonadas, socavones abandonadas, relaveras sujetos a erosión, depósitos de residuos sólidos industriales, deforestación, y eliminación de cobertura vegetal, disposición de sustancias tóxicas.

Uno de los grandes problemas que resultan de estos pasivos ambientales es la generación de drenaje ácido.

Los pasivos ambientales no podrán repetirse, toda vez que las empresas y personas están obligadas a cumplir adecuadamente las normas ambientales y a utilizar tecnología limpia que permita proteger el ambiente.

9.1 RESPONSABILIDAD POR LA REMEDIACIÓN AMBIENTAL POR PASIVOS

Aquel que en su calidad de titular, generó un pasivo ambiental, es responsable de la remediación de las áreas afectadas.

Se presume que los titulares de concesiones mineras vigentes, son responsables de la remediación de pasivos ambientales mineros localizados en su concesión.

La transferencia o cesión de derechos genera un régimen de responsabilidad compartida ente las partes intervinientes, la misma que debe ser acreditada.

El Estado promueve la participación del sector privado en la remediación de los pasivos ambientales mineros, sin que ello implique un traslado de las responsabilidades legales que sea imputable a los responsables de remediar los pasivos ambientales mineros.

10.0 INCORPORACIÓN DE ESTÁNDARES INTERNACIONALES

Global Compact: 10 principios basados en convenciones internacionales se aplican en áreas Derechos humanos, Medio ambiente, laboral y Anticorrupción

GLOBAL REPORT INITIATIVE (GRI):

Adscrita al PNUMA, organización que trabaja para promover y desarrollar un enfoque estandarizado de presentación de informes de gestión de una empresa desde la perspectiva de sus grupos de interés y de su sostenibilidad.

CONCEJO INTERNACIONAL DE MINERÍA Y METALES (ICMM):

Reúne muchas empresas lideres en el mundo en minería y metales, comprometidos a mejorar su rendimiento en el desarrollo sustentable y la producción responsable de sus recursos minerales y metales que necesita la sociedad, ha definido 10 principios de acción, 5 de los cuales se refieren a la gestión de protección ambiental y buenas practicas, y 3 al tema de relacionamiento con comunidades y respeto de sus costumbres.

ICMM principios de acción

1. Integrar las consideraciones sobre DS a la toma de decisiones de la empresa.
2. Defender los Derechos Humanos
3. Respetar la cultura, valores y costumbres de empleados y partes Interesadas.
4. Procurar el mejoramiento continuo en materia ambiental
5. Contribuir a la conservación de la biodiversidad y la planeación del uso del territorio
6. Facilitar y estimular el diseño, uso, reutilización reciclaje, y disposición responsable de nuestros productos.
7. Contribuir al desarrollo social, económico, e institucional

de las comunidades del AID de nuestras operaciones.
8. Aplicar mecanismos eficaces y transparentes para la participación, la comunicación y verificación independiente de los informes con nuestras partes interesadas.

ESTÁNDARES DEL BANCO MUNDIAL, (IFC Y PRINCIPIOS DEL ECUADOR):

Establece la política y normas de desempeño sobre sostenibilidad social y Ambiental, la cual define 8 normas de desempeño para aquellas entidades que requieren de financiación del IFC

Norma 1: Evaluación y sistema de gestión ambiental y social

Norma 2: Trabajo y condiciones laborales

Norma 3: Prevención y reducción de la contaminación

Norma 4: Salud y seguridad de la comunidad

Norma: Adquisición de tierras y reasentamiento involuntario

Norma 6: Conservación de la biodiversidad

Norma 7: Pueblos indígenas

Norma 8: Patrimonio cultural.

NORMA ISO 14001 (**Gestión ambiental**). Especifica los requisitos para un sistema de gestión ambiental, destinados a permitir que una organización desarrolle e implemente una política y unos objetivos que tengan en cuenta los requisitos legales y otros requisitos que la organización suscriba, y la información relativa a los aspectos ambientales significativos. Se aplica a aquellos aspectos ambientales que la organización identifica que puede controlar y aquellos sobre los que la organización puede tener influencia.

LA NORMA AA 1000 :(aseguramiento en informes de sostenibilidad)

Fue diseñada para lograr el compromiso tanto de la empresa como de los stakeholders, convirtiendo la relación entre ambos los informes en un proceso de aprendizaje mutuo, en donde ambas partes exponen sus necesidades y expectativas.

• Evalúa cómo la organización informante responde a las demandas de las partes interesadas y, al hacerlo, interpreta la preparación del informe como parte de un continuo compromiso con ellas.

•Es una norma no certificable, pero auditable

11. CONCLUSIONES

- El medio ambiente es un ser vivo y esta formado por todos los seres que le rodea.
- El manejo minero ambiental si bien es cierto es fundamental de las políticas de cada país no se hace nada si no hay leyes fuertes y reales de sanciones a los que incumplan la norma.
- No solo la minería es peligrosa y dañina para el medio ambiente también lo son otros sectores.
- El manejo Minero-Ambiental hoy en dia ha tomado un lugar muy importante en el desarrollo de todo proyecto minero en Colombia de acuerdo al código de Minas o ley 685/2001 toda explotación minera debe de contar con dos documentos aprobados que son. PTO o plan de trabajos y Obras y el PMA o Plan de Manejo Ambiental estos dos son reales y aplicables en el proyecto si alguno de los dos no se cumple y se comprueba se declarara nulo el titulo minero.

- Las plantas y los animales solo pueden vivir en determinados medios; mientras que, las personas se han adaptado a vivir en cualquier lugar. El ser humano es el que más ha modificado el medio ambiente, ocasionando cambios con efectos muy dañinos.
- Los problemas ambientales son los que perjudican al medio ambiente.
- Los principales problemas ambientales son: la contamin-

ación, la deforestación, la desertización, el calentamiento global y la pérdida de biodiversidad.
- La contaminación es la alteración del aire, el suelo o el agua con sustancias perjudiciales producidas por el ser humano. La contaminación hace que se modifiquen los ecosistemas.
- La contaminación la producen los humos procedentes de la combustión de petróleo o carbón, los plaguicidas y herbicidas usados en la agricultura y los residuos de las fábricas y de las ciudades.
- La deforestación consiste en la desaparición de bosques por la tala excesiva de árboles, la contaminación y los incendios.
- El calentamiento global se produce como consecuencia del aumento del dióxido de carbono de la atmósfera, que actúa como una manta y provoca el aumento de la temperatura de la Tierra.

12. RECOMENDACIONES

Como recomendación principal se puede decir que los códigos mineros y las guías ambientales de cada país o sus leyes en protección del medio ambiente ,junto con la voluntad de aquellas personas que laboramos en el medio Minero si se colocan en practica funcionaran tanto a corto como a largo plazo.

Las ventajas entre otras que se pueden lograr con una buena practica minera en armonía con el medio ambiente son:

- Evitar posible errores y deterioros ambientales originados durante el proceso extractivo, cuya corrección posterior podría tener un alto coste, tanto desde el punto de vista privado (costes transferibles a las empresas) como desde el punto de vista social (costes transferibles a la sociedad).
- Disponer de datos que permitan introducir en las decisiones empresariales los efectos de los proyectos de desarrollo en el medio natural y social, siempre difíciles de cuantificar y evaluar.
- Presentar una información integrada sobre los impactos de nuestra actividad sobre el medio ambiente.
- Integrar a los diversos organismos públicos y privados que tienen algún grado de responsabilidad sobre las decisiones que afectan al medio ambiente.

BIBLIOGRAFÍA

1. GALDAMES ORTIZ, D. (2000). INGENIERÍA AMBIENTAL & MEDIO AMBIENTE. disponible en la web:http://www.fortunecity.es/expertos/profesor/171/medioambiente.html

2. GOMEZ OREA, D. (1999). EVALUACIÓN DE IMPACTO AMBIENTAL. UN INSTRUMENTO PREVENTIVO PARA LA GESTIÓN AMBIENTAL. ED. AGRÍCOLA ESPAÑOLA, MADRID.

disponible en la web:http://books.google.com.co

3. INSTITUTO TECNOLOGICO GEOMINERO DE ESPAÑA (1996). MANUAL DE RESTAURACIÓN DE TERRENOS Y EVALUACIÓN DE IMPACTOS AMBIENTALES EN MINERÍA. ED. SERVICIO DE PUBLICACIONES DEL ITGE, MINISTERIO DE INDUSTRIA Y ENERGÍA, MADRID.disponible en la web: www.uclm.es/users/higueras/mam/mmam1.htm

4. MINISTERIO DE MEDIO AMBIENTE (1996). GUÍA PARA LA ELAB RACIÓN DE ESTUDIOS DEL MEDIO FÍSICO. CONTENIDO Y METODOLOGÍA. CENTRO DE PUBLICACIONES DE LA SECRETARÍA GENERAL DEL MEDIO AMBIENTE, MADRID. disponible en la web: www.uclm.es/users/higueras/mam/mmam1.htm

5. RUZA TARIO: TRATADO DEL MEDIO AMBIENTE (MADRID, ED LAFER).disponible en la web: books.google.com.co/books?isbn=8486149363

6. INSTITUTO SUPERIOR MINERO METALURGICO,2012-MINERIA Y GEOLOGÍA-disponible en la web:http://revista.ismm.edu.cu/index.php/revistamg/article/view/740
7. BUENAS PRACTICAS AMBIENTALES Y SOCIALES EN LA MINERIA, UPTC-2012 disponible en la web:http://www.uptc.edu.co/export/sites/default/eventos/2012/
8. ETAPA DE EXPLOTACION MINERA 2 , MINISTERIO DE MINAS Y ENERGÍA ,2010 disponible en la web:http://www.minminas.gov.co/minminas/downloads/userfiles/file/minas2/explotacion

9. PASIVOS AMBIENTALES MINEROS-BOLETIN 14-disponible en la web: www.conflictosmineros.net/.../663-pasivos-ambientales-mineros-barriend

10. MINISTERIO DE MINAS Y ENERGIA , 2010- GUIAS EXPLOTACION disponible en la web:http://www.minminas.gov.co/minminas/downloads/userfiles/file/minas2/explotacion%202

www.ingramcontent.com/pod-product-compliance
Lightning Source LLC
Chambersburg PA
CBHW030948240526
45463CB00016B/2088